初等幾何のたのしみ

［増補版］

清宮俊雄 Seimiya Toshio

日本評論社

まえがき

この本は，雑誌『数学セミナー』で書いた原稿(初出参照)を元に，今回新たに，諸外国で行われている国際数学オリンピックの問題の中から，最近出題された初等幾何に関する問題40題および解答を加えたものからなっている．その問題を本文の冒頭に置いた．最初に挑戦しても良いだろうし，以後に解説した基本的な道具を身につけて挑んで頂いても良いだろう．問題内容も多岐にわたっており，十二分に楽しんでいただけることと思う．

初等幾何の解法は唯一ではない．別証明を見つけることも初等幾何のたのしみである．読者のみなさんが，本書の解答にない別証明を発見していただければ幸いである．

いろいろな考え方に従って，いろいろな解法が生まれ，図形の性質が，あちらこちらから解明されていく推理的おもしろさ，これらは，初等幾何が人々を惹きつける要素である．

さらに問題を解くよろこびから，問題を作るたのしみに発展していけば，それらが創造性の育成につながると思われる．そして，それこそが，初等幾何のたのしみでもあり，醍醐味でもあろう．

最近，子供たちの学力低下が教育の現場で話題になる．しかもそれは，小学校から大学までと幅広い層でのことであるので，より深刻である．それは，特に算数・数学や理科において顕著であるといわれ，科学技術立国日本の将来を危ぶむ大きな社会問題ともなっている．

その学力低下の大きな要因として，論理性の欠如がよくあげられる．その原因を探ること，また，その解決法を見つけることは容易なことではないと思われる．しかし，一つの解決法として，初等幾何を学ぶことによって，論理的な思考が育成されることはたしかであろう．

また，教育においてもっと重要なことは，創造性を培うことではないかと思われる．教育の方法も，単に事実を教えるだけでなく，発見の方法を教師が実際に示し，生徒が自分で疑問を抱き，それを解決する能力が育つような教育法にしなければならないと思う．教科書にあることを生徒に理解させるだけの教育では創造性は育たない．

そしてまた，そのための教材としても，初等幾何は格好のものではないかと思う．

読者のみなさんのたのしみに，そして論理性ひいては創造性の育成に役立つことができたならば，著者としては望外の喜びである．

本書の出版に際して，日本評論社の横山伸氏にお世話になった．ここに記して感謝の意を表したい．

2001年7月猛暑

著 者

［増補版刊行にあたって］

本書の増補版を刊行するに際し，『数学セミナー』誌にて2010年に行ったインタビューなど，合計3章を増補した．それ以外の章については，初版第3刷を底本としている．「創作問題について」は1925年当時の仮名遣いでの掲載となることをご了承願いたい． 編集部

CONTENTS

初出一覧：

●初等幾何はおもしろい

『数学セミナー』1989年2月号

●How to solve it.

『数学セミナー』1997年11月号

●1. 三角形の合同定理〜11. 着想のいろいろ

『数学セミナー』1990年5月号〜1991年3月号

（連載「初等幾何セミナー」）

●問題づくりの楽しみ

『数学セミナー』2004年11月号(特集「問題を楽しもう」)

●[インタビュー] 問題を考え，問題と親しむ

『数学セミナー』2010年11月号

●[論文抜粋] 創作問題について

校友会雑誌『朝暘』第3号(1925年)

(『数学セミナー』2010年11月号，抜粋所収)

諸外国の数学オリンピック問題

国際数学オリンピック(IMO, International Mathematical Olympiad)に出場する選手を選抜するために，出場国では国ごとに数学オリンピックがある．またそのほかにも，いくつかの国が連合して行う地域的な数学オリンピックもある．例えば Asian Pacific Mathematics Olympiad(アジア・大平洋地域)，Austrian-Polish Mathematics Competition(オーストリアとポーランドの連合)，Iberoamerican Mathematical Olympiad (南米諸国の連合)，Baltic Way Contest(バルト海沿岸諸国の連合)などである．このほか Hong Kong 市や St. Petersburg 市などで行うものもある．

カナダに Crux Mathematicorum (現在は Mathematical Mayhem と合併して，Crux Mathematicorum with Mathematical Mayhem という名になっている)という名前の，問題を主体とする雑誌がある．この雑誌に出題された問題が，いろいろな国の数学オリンピックの問題として採用されている．この雑誌には 10 年以上も前から著者も投稿しており，採用された問題数は100を超えている．その中にはいろいろな国の数学オリンピックの問題に採用されたものもある．その他にも著者の問題で数学オリンピックの問題に採用されたものもある．

ここでは，それらの国々で最近出題された数学オリンピックの問題の中で，幾何学的に見て興味のある問題を40問選んだ．内容も多岐にわたっており，十分に楽しんでいただけると思う．

問題

・1・　凸四辺形ABCDにおいて$AD = CD$および$\angle DAB = \angle ABC < 90°$である．辺BCの中点MとDを結ぶ直線とABとの交点をEとすれば，$\angle BEC = \angle DAC$である．

(Bulgaria 1998)

・2・　△ABCにおいて$\angle BAC = 40°$，$\angle ABC = 60°$である．点D, Eはそれぞれ辺AC, AB上の点で$\angle CBD = 40°$，$\angle BCE = 70°$である．BD, CEの交点をFとすれば$AF \perp BC$である．

(Canada 1998)

・3・　点Aは円kの外部の定点で，kに内接する任意の台形の平行でない2辺の延長の交点はAである．このときこの台形の対角線の交点は定点である．

(Czeck and Slovak Republics 1998)

・4・　P, Q, Rはそれぞれ△ABCの辺AB, BC, CA上の点で

ある．また A′, B′, C′ はそれぞれ線分 PR, PQ, QR 上の点で A′B′ // AB，B′C′ // BC，C′A′ // CA ならば

$$\frac{\mathrm{AB}}{\mathrm{A'B'}}=\frac{[\mathrm{PQR}]}{[\mathrm{A'B'C'}]}$$

である． (Hungary 1998)

（注意：日本では △PQR の面積は △PQR で表すのが普通であるが，外国ではその面積を [PQR] の記号で表す場合が多い．）

•5• △ABC の辺 AB 上の点を P, Q とする．このとき，△APC，△QBC の内接円の半径が等しいならば △AQC と △PBC の内接円の半径も等しい． (Hungary 1998)

•6• △ABC の垂心を H とし，A, B, C からそれぞれ BC, CA, AB への垂線の足を K, L, M とする．AH の中点を P とし，BH と MK の交点を S，LP と AM の交点を T とすれば TS⊥BC である． (India 1998)

•7• 円 C 外の点 K からこの円にひいた二つの接線の接点を L, N とする．KN の N を越えた延長上の点を M とし，△KLM の外接円が再び円 C と交わる点を P とし，N から ML への垂線の足を Q とすれば，∠MPQ = 2∠KML である．

(Iran 1998，Crux 問題 1822：1993，著者)

•8• 鋭角三角形 ABC において，A, B, C からそれぞれ BC, CA, AB に下した垂線の足を D, E, F とし，EF と BC との交点

をPとする．Dを通りEFに平行にひいた直線とAC, ABとの交点をQ, Rとすれば，△PQRの外接円は辺BCの中点を通る．

(Iran 1998)

・9・ △ABCの辺BCのCを越えた延長上に点DをAC＝CDにとり，△ACDの外接円とBCを直径とする円が再び交わる点をPとする．BP, CPがそれぞれAC, ABと交わる点をE, Fとすれば，D, E, Fは一直線上にある．

(Iran 1998，Crux 問題 2281：1997，著者)

・10・ △ABCの内心をIとし，Bを通りIにおいてCIに接する円をO_1とし，Cを通りIにおいてBIに接する円をO_2とする．円O_1, O_2と△ABCの外接円は1点で交わることを示せ．

(Korea 1998)

・11・ D, Eは△ABCの辺AB上の点で

$$\frac{\mathrm{AD}}{\mathrm{DB}}\cdot\frac{\mathrm{AE}}{\mathrm{EB}}=\left(\frac{\mathrm{AC}}{\mathrm{CB}}\right)^2$$

であるならば∠ACD＝∠BCEである．

(Poland 1998)

・12・ 平行四辺形ABCDにおいて，辺BC, CDの中点をそれぞれM, Nとする．直線AM, ANが，∠BADを3等分することができるかどうか調べよ．

(Russia 1998)

・13・ 2円がP, Qで交わっている．1直線が線分PQと交わり，かつ2円とA, B, C, Dでこの順で交わるならば∠APB＝

$\angle CQD$ である. (Russia 1998)

・14・ $\triangle ABC$ において $AB > BC$ とし，辺 AC の中点を M，$\angle ABC$ の2等分線と，AC との交点を L とする．M を通り AB に平行にひいた直線と，BL との交点を D とし，L を通り BC に平行にひいた直線と，BM との交点を E とすれば $ED \perp BL$ である. (Russia 1998)

・15・ $\triangle ABP$ は $AB = AP$ の2等辺三角形で，$\angle PAB$ は鋭角とする．P を通り BP に垂直にひいた直線上に点 C を BP に関して A と同側にとる．ただし点 C は直線 AB 上にないとする．平行四辺形 ABCD を作り PC と DA との交点を M とすれば，M は DA の中点である. (United Kingdom 1998)

・16・ $\triangle ABC$ において A から BC への垂線の足を D とする．D を通る直線上に D と異なる点 E, F を，$AE \perp BE$，$AF \perp CF$ であるようにとり，M, N をそれぞれ BC, EF の中点とすれば $AN \perp NM$ である.

(Asian Pacific Mathematics Olympiad 1998)

・17・ $\triangle ABC$ において $\angle BAC = 90°$ とする．点 D は辺 BC 上にあって $\angle BDA = 2\angle BAD$ ならば

$$\frac{1}{AD} = \frac{1}{2}\left(\frac{1}{BD} + \frac{1}{CD}\right)$$

である. (Baltic Way 1998，著者)

・18・　凸五角形ABCDEにおいて $AE /\!/ BC$ で $\angle ADE = \angle BDC$ である．対角線AC, BEの交点をPとすれば $\angle EAD = \angle BDP$，および $\angle CBD = \angle ADP$ である．

(Baltic Way 1998, Waldemar Pompe)

・19・　$\triangle ABC$ において $AB < AC$ とする．Bを通りACに平行な直線と $\angle BAC$ の外角の2等分線との交点をDとする．またCを通りABに平行な直線とADとの交点をEとし，辺AC上に点Fを $FC = AB$ にとれば，$DF = FE$ である．

(Baltic Way 1998, 著者)

・20・　$\triangle ABC$ においてAからBCへの垂線の足DはBとCとの間にあるとし，線分AD上に点Eを $\dfrac{AE}{ED} = \dfrac{CD}{DB}$ であるようにとり，DからBEへの垂線の足をFとすれば $\angle AFC = 90^\circ$ である．

(Baltic Way 1998, 著者)

・21・　Oは円 ω の中心である．ω の二つの等しい弦AB, CDはLで交わり $AL > LB$, $DL > LC$ である．M, Nはそれぞれ線分AL, DL上の点で，$\angle ALC = 2\angle MON$ ならば，M, Nを通る ω の弦の長さはAB, CDの長さに等しい．

(Belarus 1999)

・22・　$\triangle ABC$ は $\angle BAC = 2\angle ACB$ の三角形でOは $\angle A$ 内の傍心で，MはACの中点である．MOとBCとの交点をPとすれば $AB = BP$ である．

(Belarus 1999)

・23・ 凸四辺形 ABCD は中心 O の円に内接し，O はこの四辺形の内部にあるとする．この四辺形の対角線 AC, BD の交点から各辺 AB, BC, CD, DA におろした垂線の足を M, N, P, Q とすれば

$$2[MNPQ] \leqq [ABCD]$$

である． (Bulgaria 1999)

（注意：[MNPQ] は四辺形 MNPQ の面積を表す．）

・24・ △ABC の辺 AC, AB 上の点をそれぞれ B_1, C_1 とし BB_1, CC_1 の交点を D とする．もし △ABD と △ACD の内接円が互いに接するならば，四辺形 AB_1DC_1 は円に外接する．

(Bulgaria 1999)

・25・ △ABC の内心を I とし，AI が △ABC の外接円と再び交わる点を D とする．I から BD, CD への垂線の足をそれぞれ E, F とするとき $IE+IF=\frac{1}{2}AD$ ならば ∠BAC はどんな角か． (Iran 1999, Crux 問題 2280：1997, 著者)

・26・ △ABC において BC ＞ CA ＞ AB とする．点 D を辺 BC 上に，また点 E を辺 AB の A を越えた延長上に，BD ＝ BE ＝ AC であるようにとり，△BDE の外接円が AC と交わる点を P とする．直線 BP が △ABC の外接円と再び交わる点を Q とすれば，AQ＋QC ＝ BP である．

(Iran 1999, Crux 問題 1881：1993, 著者)

・27・ 凸六角形 ABCDEF において,

$$\angle A + \angle C + \angle E = 360^\circ,$$

および

$$AB \cdot CD \cdot EF = BC \cdot DE \cdot FA$$

ならば

$$AB \cdot FD \cdot EC = BF \cdot DE \cdot CA$$

である. (Poland 1999, Waldemar Pompe)

・28・ $\triangle ABC$ において $\angle BAC = 90^\circ$, $AB = AC$ とし, 辺 BC 上に点 D を $BD = 2DC$ にとり, B から AD への垂線の足を E とすれば $\angle DEC = 45^\circ$ である. (Poland 1999, 著者)

・29・ $\triangle ABC$ の $\angle A$ の 2 等分線と BC との交点を D とする. 半直線 AB, AC 上にそれぞれ点 M, N を $\angle MDA = \angle ABC$, $\angle NDA = \angle BCA$ にとり, AD と MN の交点を P とすれば $AD^3 = AB \cdot AC \cdot AP$ である. (Romania 1999)

・30・ 2 円の交点を A, B とし, A を通る直線 l が 2 円と再び交わる点を C, D とする. 2 円の A を含まない弧 BC, BD の中点をそれぞれ M, N とし, CD の中点を K とすれば $\angle MKN = 90^\circ$ である. (Romania 1999)

・31・ $\triangle ABC$ の内接円が BC, CA, AB に接する点をそれぞれ A_1, B_1, C_1 とし, C_1 を通る直径を C_1K とする. B_1C_1 と A_1K との交点を D とすれば $CD = CB_1$ である.

(Russia 1999)

・32・ △ABCにおいてAB＝ACとし，辺BC上に点DをBD＝2DCにとる．線分AD上の点をPとするとき∠BAC＝∠BPDならば∠BAC＝2∠DPCである．(Turkey 1999,「Crux 問題1459：1989，著者」の逆問にあたる．)

・33・ 円に内接する四辺形ABCDの対角線AC, BDの中点をそれぞれL, Nとするとき，BDが∠ANCを2等分するならば，ACは∠BLDを2等分する． (Turkey 1999)

・34・ 四辺形ABCDはAB∥CDの等脚台形である．△BCDの内接円がCDに接する点をEとし，EにおいてCDに立てた垂線と∠DACの2等分線との交点をFとする．△ACFの外接円がCDと再び交わる点をGとすれば△AFGは2等辺三角形である． (United States of America 1999)

・35・ 2円ω_1, ω_2はP, Qで交わる．Pに近い共通接線がω_1とAで，ω_2とBで接する．Pにおけるω_1の接線とω_2との交点をCとし，APの延長がBCと交わる点をRとすると，△PQRの外接円はBP, BRに接する．

(Asian Pacific Mathematics Olympiad 1999)

・36・ △ABCにおいて2AB＝AC＋BCとすれば，△ABCの内心，外心，およびAC, BCの中点は同一円周上にある． (Baltic Way 1999)

・37・　$\triangle$ABC の $\angle$A, $\angle$B の 2 等分線と BC, CA との交点をそれぞれ D, E とする．このとき AE+BD = AB ならば $\angle$C はどんな角か．　(Baltic Way 1999, 著者)

・38・　$\triangle$ABC において AB = AC とし，辺 AB, AC 上の点をそれぞれ D, E とする．B, C を通ってそれぞれ AC, AB に平行な直線をひき，DE との交点を F, G とすれば

$$\frac{[\mathrm{DBCG}]}{[\mathrm{FBCE}]} = \frac{\mathrm{AD}}{\mathrm{AE}}$$

である．

（ここに [PQRS] の記号は四辺形 PQRS の面積を表す．）

(Baltic Way 1999, 著者)

・39・　$\triangle$ABC において $\angle$C = 60°，AC < BC とする．辺 BC 上に点 D を BD = AC にとり，また辺 AC の C を越えた延長上に E を AC = CE にとれば AB = DE である．

(Baltic Way 1999, 著者)

・40・　四辺形 ABCD は中心 O の円 ω に内接する．$\angle$ABD の 2 等分線は辺 AD と円 ω にそれぞれ点 K, M で交わり，$\angle$CBD の 2 等分線は辺 CD と円 ω にそれぞれ L, N で交わる．KL $/\!/$ MN ならば，$\triangle$OMN の外接円は BD の中点を通る．

(St. Petersburg City 1999)

初等幾何はおもしろい

初等幾何という言葉の明確な定義はない．漠然と初等教育で教えられる幾何という意味で使われているようである．初等教育で教えられている幾何は，古典的なユークリッド幾何が主体であるから，ユークリッド幾何の別名のように使われる場合もある．ここでは，昔中学校で教えられていた平面幾何学を念頭において，幾何という言葉を用いることにする．

とにかく幾何は面白い．研究すればするほど，味わいのある面白さを持っている．うまい補助線が見つかって問題が解けたときの喜び，楽しさについてはよく知られている．しかし私が特に強調したいのは，幾何が創造性の育成に最適であるということである．幾何は自分で図形を作り，その性質を研究して新しい図形の性質を発見することが容易で，それは発見の喜びにつながる．正確な図をかけば，3点が一直線上にあるとか，3直線が一点に会するというような性質は目で見てわかる．また，ある3点は一般には一直線上にないが，ある条件があれば一直線上にあるというような条件を見つけることもできる．

こうして自分で問題を作り，それを解くという楽しさ，これこそ創造の楽しさである．そして論理的な思考力もそれに伴って発達していく．

幾何は論理を教えるために導入された学科であるといわれる．その幾何が軽視された結果として，今の大学生の答案に，論理性の欠如という形で現われているという．幾何を学ぶことによって，論理的な思考が育成されることは確かである．しかし，私は幾何によって創造性が培われることも強調したい．

創造性の育成を声高に唱えるなら，今こそ幾何を重視するようなカリキュラムにしなければならない．

教育の方法も，単に事実を教えるだけでなく，発見の方法を教師が実際に示し，生徒が自分で疑問を抱き，それを解決する能力が育つような教育法にしなければならないと思う．教科書にあることを生徒に理解させるだけの教育では創造性は育たない．

I. 私の中学生時代

『日本中等教育数学会雑誌』第八巻第四-五号［大正 15 年(1926)10 月］の問題欄に次の問題が発表された．

> 三角形 ABC の外接円周上の任意の 2 点を P, Q とし，P の BC, CA, AB に関する対称点を D, E, F とし，QD, QE, QF が BC, CA, AB と交わる点をそれぞれ X, Y, Z とすれば，X, Y, Z は同一直線上にある．　(清宮俊雄)

これは私が1926年7月7日に発見したもので，当時私は16歳，旧制中学の5年生(現在の高2にあたる)であった．この定理は後に「清宮の定理」と呼ばれるようになった．こうした挿話から，私が幾何の天才のように誤解される方もあるかと思うので，私の中学生時代を振返って見よう．

私はいわゆる秀才ではない．むしろ劣等生に近い生徒であった．成績は中学1,2年から3年の2学期までは50人クラスで44番というのが相場であった．幾何は中学2年の2学期から習ったが，何のことかさっぱり判らず，2学期の成績は10点満点の2点というありさまだった．私のほかにもできない生徒がたくさんいたので，3学期にはできない者だけを集めた補習のクラスができた．もちろん私もその一員である．そのお蔭か，3学期の幾何の成績は7点で，学年の成績は2学期と3学期の成績の平均を四捨五入した5点ということで，辛うじて3年に進級した．3年の1学期の幾何の成績は5点であったから，私が1年間幾何を学んで得た成績は5点で幾何でも劣等生であったわけである．

しかし，3年生になってからは，幾何に興味を持つようになってきた．これはたぶん，少し複雑な図形を扱うようになって，幾何の面白さが判ってきたためであると思われる．

3年の1学期の終り頃，夏休みの宿題のプリントが渡されていたが，それを休み前に，わからない問題は兄に教わったりして，大半片づけてしまい，友達にも教えたりしていた．ちょうどその頃，自由時間に夏休みの宿題をやっていた時に，たまたま監督に来ていたのが幾何の先生で，宿題のプリントの終り頃の問題をやっているのを見て，夏休み中に勉強するようにと，幾何のある問題集を教えてくださった．淡中著『横観数学問題集(幾何)』である．さっそく学校の帰りに本屋に寄って購入した．これを夏休み中に勉強したのがよかったようである．

ピタゴラスの定理を学んだのは，たぶん3年の2学期ではないかと思うが，このとき先生は，ピタゴラスの定理はいろいろな方法で解けるから，君達も考えて見てはどうかと言われた．生徒達はそれぞれいろいろ工夫して，できたものはその解を先生に提出した．このような解がたくさん廊下に張り出された．数は覚えていないが，私もたくさん出したようである．

3年生の終り頃になってから，自分で図形の性質を調べることの面白さを知った．作った問題で最初の記憶にあるのは，「円に内接する四角形ABCDにおいて，A, B, C, Dにおける接線の作る四角形が円に内接するための条件は AC⊥BD である」であるが，これは4接線の作る四角形が，たまたま円に内接しているように見えたので，その条件を調べた結果得たものである．後にこれはすでに発見されている定理であることを知った．幾何が好きになって，これに熱中するようになってから，他の学科の成績もあがってきて，3年の学年末の成績はクラスで13番にまで上昇した．

4年生になって，幾何の先生が，夏休みの宿題を渡す時に，宿題と一緒に定理の別証明とか，自分で研究したことがあれば，それも一緒に出すようにと言われた．そこで宿題と一緒に夏休み中に考えたこと，作った問題などを提出した．現存するノートを見ると，三辺の等しい三角形の合同定理の背理法による証明，アポロニウスの定理(三角形の内角の2等分線は対辺をこの角をはさむ2辺の比に分ける)の4通りの証明，中線定理の方べきの定理を用いての証明などとともに，ピタゴラスの定理の証明が10通りのっている．同年12月にアメリカの雑誌に，アメリカの中学生が発見したというピタゴラスの定理の証明が発表され，翌年『日本中等教育数学会雑誌』上にもその証明が紹介されたが，その証明は上の10通りの証明の一つと同じであった．なお，この証明は岩田至康編『幾何学大辞典1』p. 469の「証20」にHoffmannの証明として紹介されている．だれでも思い付きそうな簡単な証明なので，いろいろな人によって何度も発見されていると思われる．

上記のノートには，創作問題として証明問題が34問，軌跡が6問，作図題が6問書いてある．

私の研究を見た先生は，どうやって問題を作ったのかを書いて，校友会雑誌『朝陽』にのせることを勧められた．こうしてできたのが「創作問題について」の論文である．

4年生の終りの頃だったと思うが，先生は『日本中等教育数学会雑誌』(1925年10月号)に載っている問題を私に示して解いてみることを勧められた．それはターナー(Turner)教授が“*Bulletin of A.M.S.*”にシムソンの定理の一拡張として証明なしに発表したものを，同誌が転載したものである．

「三角形ABCの外接円Oに関してたがいに反点をなす2点をP, Qとし，3辺BC, CA, ABに関する点Pの対称点をそれぞれL, M, Nとする．3直線QL, QM, QNがそれぞれBC, CA, ABと交わる点をX, Y, Zとすれば3点X, Y, Zは一直線上にある」

反点の意味は先生から教わった.

4年生の終りの2月から3月にかけて，先生から拝借した秋山武太郎著『幾何学つれづれ草』，デボーブ著，吉田好九郎訳『平面幾何学研究法』，ペテルセン『幾何学問題解義』などを読んでいる．これらは幾何の面白さ，楽しさを存分に味わせてくれた．

ターナー教授の問題は，6か月ほど考えた末に5年生になってからの夏休みの少し前の7月1日の夜に解くことができた．そして7月7日には，この問題にならって，シムソンの定理の別の拡張を発見した．これが後に「清宮の定理」と呼ばれるようになったものである．ターナー教授の問題の解答は1927年2月に同誌上に発表されたが，解答者は私一人であった．またこの号には私の創作問題5問が出題された．同年3月に中学[府立六中(都立新宿高校の前身)]を卒業し，第一高等学校(東大教養学部の前身)を受験したが不合格であった．幾何に熱中していて，いわゆる受験勉強をほとんどしなかったためである．当時の高校受験はほぼ現在の大学受験にあたるものであるが，今と違って入試科目は主要科目の英語，数学，国語・漢文のほかに，理系なら物理か化学の1科目，文系は歴史か地理の1科目が追加されるだけであった．数学の試験問題も，数値計算主体のものでなく，考えて理論的に解くものが多かった．できる生徒は30分くらい時間が余ってしまうこともあった．

受験地獄という言葉は当時もあったが，競争は今ほど激烈なものではなかったので，受験勉強中でも楽しく幾何が研究できた．一浪して翌年，第一高等学校に合格した．そのときの数学の答案は採点者の評によれば，100点満点であるが120点つけたい答案であった，という．高等学校に入学後まもなく，受験時代に研究したことをまとめて「ある幾何学定理の応用について」を1929年2月に『日本中等教育数学会雑誌』に，また同年9月に「九点線とターナー線」を『東京物理学校雑誌』に発表した．これで中学時代の研究に一応の区切りをつけたわけである．

II. どう考えて問題を解くか

大工が仕事をするには大工道具一式が必要である．またゴルフをするにも，バッグいっぱいに詰めこんだ何種類かのクラブが必要である．これらを飛距離に応じて使いわけ，最後はパターを使ってボールをホールに入れる．このように仕事には道具が必要である．幾何の問題を解くにも，定理という道具が必要である．道具が足りなければ，解けるものも解けない．十分な道具がそろっていれば，素直に問題が解ける．方べきの定理，メネラウスの定理，チェバの定理などは必要な定理と思われる．道具がそろっても，それを使いこなすには練習が必要であるように，定理を使いこなすためにはたくさんのやさしい練習問題を解く必要がある．一通り定理の使い方が判った上で，少し複雑な問題を解くにはどう考えたらよいかが問題となる．方法論としては，仮定から導かれる条件と，結論から導かれる条件をうまく結びつけることが大切である．こうして問題が解けるようになれば幾何が面白く楽しいものになる．

以下の例では，どう考えて問題を解くかの考え方が主眼であるので，解答に到る筋道を示すにとどめる．

・問題1・　角 A が直角の直角二等辺三角形 ABC の辺 AB, AC 上に点 D, E を AD : DB = CE : EA = 2 : 1 にとれば, ∠ADE = ∠EBC である.

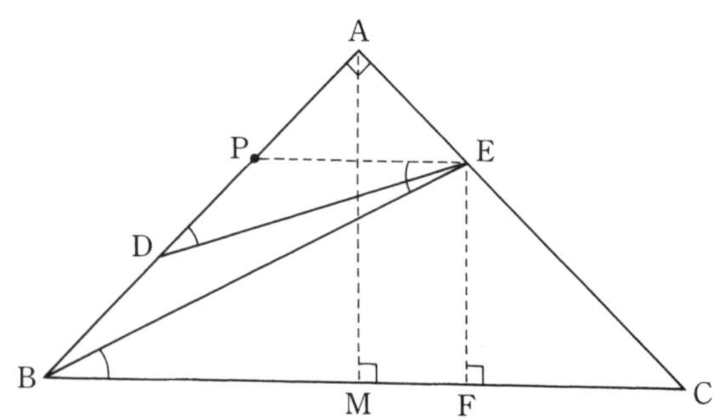

・解1・　∠ADE = ∠EBC ならば, この 2 角を対応角にもつ相似三角形ができるはずである. この目的で E から BC に垂線を下し, その足を F とすれば

$$\triangle \mathrm{FBE} \backsim \triangle \mathrm{ADE}$$

のはずである. したがって FB : FE = AD : AE = 2 : 1, FE = FC であるから, BF : FC = 2 : 1 となるはずである. A から BC への垂線の足を M とすると BM = MC, CF : FM = CE : EA = 2 : 1 である. これから BF : FC = 2 : 1 がいえ, 論証を逆にたどって ∠ADE = ∠EBC が証明される.

・解2・　∠EBC を ∠ADE の近くに移動する目的で E を通り BC に平行な直線をひき AB との交点を P とすると ∠PEB = ∠EBC = ∠ADE となるはずであるから, ∠PED = ∠DBE, すなわち PE は円 BDE の接線となるから方べきの定理により $\mathrm{PE}^2 = \mathrm{PB} \cdot \mathrm{PD}$ のはずである.

$$PE = \frac{1}{3}BC,\ \ PB = \frac{2}{3}AB,\ \ PD = \frac{1}{3}AB,\ \ BC = \sqrt{2}\,AB$$

から上式の成り立つことが判り解答に到達する．

なお解2からこの問題の次の拡張を得る．

・拡張・　△ABCにおいて $BC = \sqrt{2}\,AB$ とし，辺AB, AC上に点D, Eを AD : DB = CE : EA = 2 : 1 にとれば

$$\angle ADE = \angle EBC.$$

・問題2・　角Aが直角の直角二等辺三角形ABCの頂点Aを通ってBCに平行にひいた直線上に点Dを BD = BC にとり，BDと辺ACとの交点をEとすれば CD = CE である．

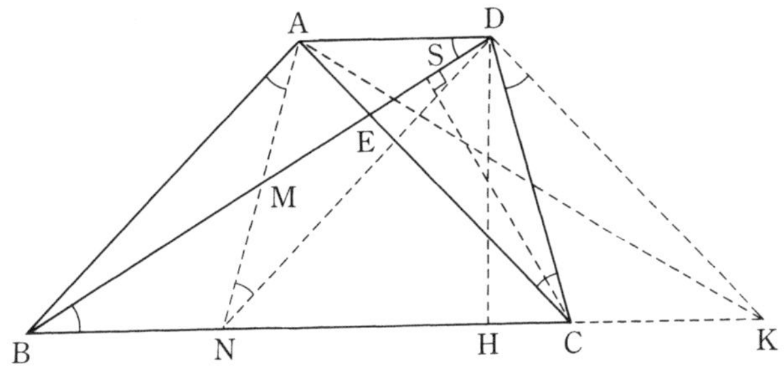

この問題は中学3年生の時の夏休みの宿題中の1問である．Dから BC への垂線の足をHとし，BD = 2DH から ∠DBH = 30° を証明し，角度の計算から CD = CE を証明する解法が，参考書などに見られるほとんど唯一の解法である．当時私はこの解法を兄から教わり，友人にも教えた．しかし結論の条件とまったく無関係に見える補助線 DH に納得のいかないものを感じていた．そして方べきの定理を習ってから納得のいく解法

をいくつも発見できた.

・解1・　もし $CD = CE$ ならば $\triangle CDE$ と $\triangle BCD$ は一つの底角 D を共有する二等辺三角形であるから相似のはずである. したがって $\angle DBC = \angle ACD$ となるはずである. これを角の移動で証明しようと考えた.

BD の中点を M とし, AM と BC との交点を N とすると, $BA^2 = BM \cdot BD$, $AB /\!/ DN$, $\angle DNC = \angle DAC$ から A, N, C, D は共円などから, 次のように証明できた.

$$\begin{aligned}\angle DBC &= \angle ADB = \angle BAM = \angle BAN \\ &= \angle AND = \angle ACD.\end{aligned}$$

これから $CD = CE$ がいえる.

・解2・　$\angle DBC = \angle ACD$ をいうのに前解では, $\angle DBC$ の移動を考えたが, ここでは $\angle ACD$ の移動を考え, D から AC に平行線をひき BC との交点を K とすると $\angle CDK = \angle ACD = \angle DBC$, よって $DK^2 = BK \cdot CK$, すなわち $AC^2 = BK \cdot CK$ のはずである. これは, $AB = AC$ から

$$\begin{aligned}BK \cdot CK &= AK^2 - AB^2 = BD^2 - AB^2 \\ &= BC^2 - AB^2 = AC^2\end{aligned}$$

のようにして証明できる.

・解3・　C から DE への垂線の足を S とする. $CD = CE$ ならば $DS = ES$, したがって $DE = 2ES$ のはずである. よって $BE \cdot ED = 2BE \cdot ES = 2AE \cdot EC$ のはずである. これは

$$\frac{BE}{EC} = \frac{ED}{AE} = \frac{BD}{AC} = \frac{\sqrt{2}}{1}$$

から証明できる.

なおこの解から次の拡張が得られる．

・拡張・ 角 A が直角の直角二等辺三角形 ABC の辺 AB 上の点を D とし，A を通って DC に平行にひいた直線上に点 E を DE = BC にとり，DE と辺 AC との交点を F とすれば CE = CF である．

III. どう考えて問題を作るか

問題の作り方は多種多様で，場合に応じていろいろな考え方があり，まとめて論ずるのは難しい．ここでは，いくつかの例を示すにとどめる．詳しくは後述する拙著をご覧いただきたい．なお考え方を主体とするため，できた問題の解答は省略する．

「△ABC の 2 辺 AB, AC 上に正三角形 APB，AQC を原三角形の外側に作り，また辺 BC 上に正三角形 BRC を原三角形と同側に作れば，APRQ は平行四辺形である」

これはよく知られている問題である．そこで正三角形の代わりに正方形をとって，類似の性質を探して次問を得た．

・問題 3・ 三角形 ABC の 2 辺 AB, AC 上に正方形 ABDE, ACFG を，三角形の外側に描き，また辺 BC 上に正方形 BCHK を三角形 ABC の同じ側に作れば，AEHF, ADKG は共に平行四辺形である．

このことから AK, DG の交点を P, AH, EF の交点を Q と

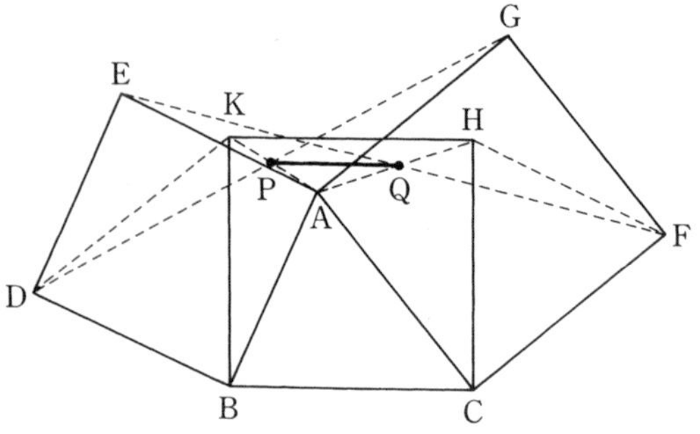

すると，P は AK, DG の中点で，Q は AH, EF の中点であることがわかる．

$$\mathrm{PQ} /\!/ \mathrm{KH} /\!/ \mathrm{BC}, \qquad \mathrm{PQ} = \frac{1}{2}\mathrm{KH} = \frac{1}{2}\mathrm{BC}$$

であることから次問を得る．

・問題 4・　三角形 ABC の辺 AB, AC 上に正方形 ABDE, ACFG を三角形の外側に作り，DG, EF の中点を P, Q とすれば $\mathrm{PQ} /\!/ \mathrm{BC}$, $\mathrm{PQ} = \frac{1}{2}\mathrm{BC}$ である．

つぎにピタゴラスの定理の別証明を考える．

角 A が直角の直角三角形 ABC の外側に，各辺を一辺とする正方形 ABDE, ACFG, BCHK をえがき，BH と CK の交点を O とする．$\mathrm{BE} /\!/ \mathrm{AO} /\!/ \mathrm{CG}$ から $\triangle\mathrm{ABE} = \triangle\mathrm{OBE}$, $\triangle\mathrm{ACG} = \triangle\mathrm{OCG}$．E, G から BO, CO への垂線の足を X, Y とする．

$$2\triangle\mathrm{OBE} = \mathrm{BO}\cdot\mathrm{EX}, \qquad 2\triangle\mathrm{OCG} = \mathrm{OC}\cdot\mathrm{GY}.$$

ピタゴラスの定理は

$$2\triangle\mathrm{ABE} + 2\triangle\mathrm{ACG} = 2\triangle\mathrm{BCH}$$

と表現されるから

$$BO \cdot EX + OC \cdot GY = BH \cdot CO$$

よって

$$EX + GY = BH.$$

これが証明できればピタゴラスの定理が証明されたことになる．これは E, B から OC, GY への垂線の足を M, N とすると △ECM ≡ △BGN から CM = GN がいえるから

$$EX + GY = (CO - CM) + (BO + GN)$$
$$= CO + BO = BH$$

のようにして証明できる．

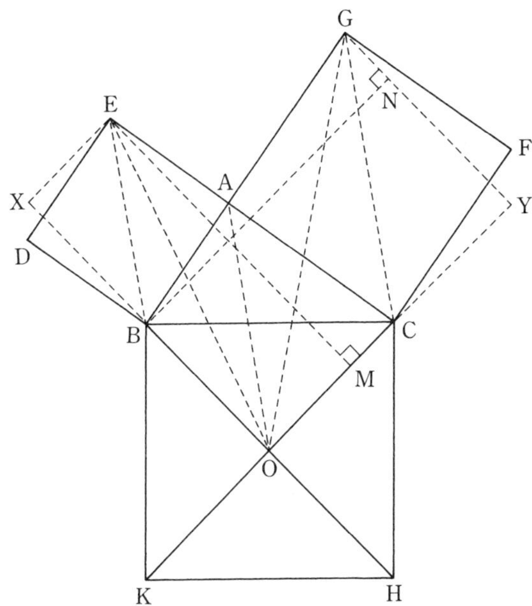

またこの図について研究した結果，X, A, Y の共線，XC = HY, XC⊥HY であることが判った．これらをまとめて次問が

得られた．

・問題 5・ 角 A が直角の直角三角形 ABC の外側に各辺を一辺とする正方形 ABDE, ACFG, BCHK をえがき，E, G から BH, CK への垂線の足を X, Y とすれば，$EX+GY = BH$ である．また X, A, Y は共線で $XC = HY$, $XC \perp HY$ である．

なお，以上の研究は私の中学 4 年生の時の論文「創作問題について」からの引用である．今考えてみると問題 5 では角 A が直角の条件は不要のようである．ただし底角 B または C が鈍角の場合は $EX+GY = BH$ は多少の修正を要する．たとえば $\angle B > 90°$ のときは $GY-EX = BH$ となる．

問題作りの基本として逆にあたる問題を作ることが大切である．「逆は必ずしも真ならず」と言われるように，逆にあたる問題は正しいことも，正しくないこともある．そして後者の場合が思いがけない発見につながる場合が多い．逆の問題の研究では，もとの図形に頼れないので，正確な論理だけが頼りである．この意味で逆の研究は論理的思考の育成に役立つ．

参考文献

秋山武太郎著『幾何学つれづれ草』サイエンス社

小平邦彦著『幾何への誘い』岩波書店

小平邦彦著『幾何のおもしろさ』岩波書店

清宮俊雄著『幾何学——発見的研究法』科学新興新社

How to solve it.

幾何の問題は「一本の補助線が見付かれば解け，そうでなければ解けない」もののように言われ，またそれを信じている人も多いようである．

しかし筆者は，これは中等教育の数学が代数と幾何が主体であった頃，代数に比べて幾何が思い付きで解かれるように見られた時代に言われたことで，必ずしも真実とはいえないと思っている．

もちろん，難問といわれる問題もあり，とても思い付かないような補助線を用いる解法もないわけではない．

しかし一部に難問といわれるものがあるからといって幾何全体が難問ばかりということにはならない．また難問といわれるものも，本当に難問なのかという吟味も必要であろう．使用する定理に制限がなければ難問でなくなるものもある．

難問の有無は幾何に限ったことではない．代数や解析の問題にも難問はある．数学では，優れた発想で解決されるものが数多くあり，それは幾何に限ったことではない．筆者はたびたび

『数学セミナー』の「エレガントな解答をもとむ」に，幾何の問題を出題しているが，解答を読むたびに，その解の多様性に驚くことがしばしばである．千差万別の補助線で，とても「一本の補助線に気付く」所の段ではない．これは多様な考え方に従って，論理的な筋道で補助線を思い付いたものに違いない．

問題の解を教わったり，書物にある解答を読むだけのような場合には，幾何の問題は「一本の補助線が見付かれば解け，そうでなければ解けない」もののように見えるであろう．多くの場合，解答にはそれがどのようにして発見されたかの過程は示されてなく，演繹的に整理された形に述べられているだけである．

このような叙述の形式が，補助線の神秘性を助長していることも否めない．

もうかなり昔になるが，沢山勇三郎氏がフォイエルバッハの定理の初等的な解法を22通りも発見されたことなどは，ちょっとした思い付きで補助線を見付けたとは考えられない．そこには確固とした論理的思考があったはずである．

要するに，自分の頭を使い，努力して考えに考えて，試行錯誤を繰り返し，その結果ふっと思い付く補助線は偶然に思い付くものではなく，識閾下の活動を伴った何等かの論理的な裏付けがあるものと思われる．

大部分の幾何の問題においては，補助線は論理的な思考の結果，必然的にひかれるものが多いようである．そしてそれは，主として解析的な手法で発見されるように思われる．図形によっては，その特性に応じた決まった補助線というものもある．たとえば，三角形の中線に関する問題では，中線を2倍に延長するとか，他の辺の中点を利用するなどである．しかし，その意味は説明されず，ただ技術的な手法として述べられるに止まる．

幾何の問題を解く場合，何を証明すればよいのか，それを証明するには何をすればいいのかの目標を決めて，それに従って推論を進めていけば，必要な補助線は自然にひかれ，解決に導かれる場合が多い．

幾何を単なる知識として扱う幾何教育では，幾何を暗記物にしてしまう危険がある．考え方を主体としたものならば，生徒も納得し，幾何に興味をもつようになると思う．またこれが生徒の「どうしてそんな解法を思い付いたか」の疑問に答える道でもある．

具体例として，三平方の定理，すなわちピタゴラスの定理の証明について考える．

筆者がピタゴラスの定理を初めて学んだのは，中学3年生のときである．そのとき先生はピタゴラスの定理はたくさんの証明法が知られているからと言って，その証明を試みることを生徒に勧めた．

生徒たちは各自いろいろ工夫して解き，その解を先生に提出し，それが廊下に張り出された．筆者もたくさんの解法を考え，廊下をにぎわした一人である．

その後も，ピタゴラスの定理の別証明をいろいろ試みた．4年生のときの夏休みの宿題帳が現在残っているが，その中にもピタゴラスの定理の別証明が10個書いてある．筆者は当時どんな証明を考えたのかあまり記憶にないが，先生の話では数十にのぼるとのことであった．

なお，前記の宿題帳にある10個の証明の中には，後にアメリカの一中学生が考えた証明として，アメリカや日本の雑誌に取り上げられた証明も入っている．『数学セミナー』1987年1月号，今井功氏の「数学を楽しもう」中のピタゴラスの定理の証明5がこれである．ただし，この証明はすでにHoffmannによって発見されているらしい．

ピタゴラスの定理とは「直角三角形の斜辺の上の正方形の面積は，直角をはさむ2辺の上の正方形の面積の和に等しい」である．

これを図形的に証明することを試みる．

正方形の作り方は，直角三角形の外側に作るのがふつうであろう．それは図形が重なり合ったりしないで，見やすいという理由による．

・証明1・　直角三角形ABCの斜辺をBCとし，三辺上にそれぞれ正方形ABDE，BCFG，ACHKを三角形の外側に作る．このときB, A, K；C, A, Eはそれぞれ一直線上にある．

AからBCに垂線をひく証明がユークリッドの“原論”にあるが，なぜAからBCに垂線をひくのかの理由は説明されていない．

正方形ABDEと正方形ACHKは離れていて，その面積の和は考えにくいので，これらを1つにまとめた面積をもつ図形を作りたい．そのためにまず正方形ABDEの等積移動を考える．ABを固定してDEの長さを変えずに直線DE上を動かせば，面積を変えずに変形することができる．正方形ACHKの等積移動も同様に考える．

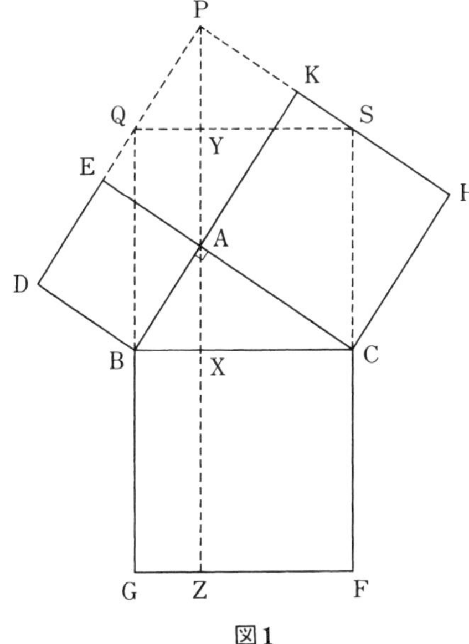

図1

DE, HK の交点を P として，B を通り AP に平行線をひき DE との交点を Q とする．平行四辺形 ABQP の面積は正方形 ABDE の面積に等しい．

同様に C を通り AP に平行な直線をひき KH との交点を S とすれば，平行四辺形 ACSP の面積は正方形 ACHK の面積に等しい．

したがって，平行四辺形 ABQP と平行四辺形 ACSP をあわせた図形の六辺形 BACSPQ の面積は，正方形 ABDE と正方形 ACHK の面積の和に等しい．

ここで BQ∥AP∥CS, BQ = AP = CS であるから四辺形 BCSQ は平行四辺形で，AP と BC, QS の交点を X, Y とすれ

ば，

$$平行四辺形\,\mathrm{ABQP} = 平行四辺形\,\mathrm{XBQY}$$

$$平行四辺形\,\mathrm{ACSP} = 平行四辺形\,\mathrm{XCSY}$$

であるから平行四辺形 BCSQ の面積は六辺形 BACSPQ の面積に等しい．すなわち

$$平行四辺形\,\mathrm{BCSQ} = 正方形\,\mathrm{ABDE} + 正方形\,\mathrm{ACHK}$$

である．したがって平行四辺形 BCSQ の面積が正方形 BCFG の面積に等しいことが証明できればよい．

$$\mathrm{PK} = \mathrm{EA} = \mathrm{BA}, \quad \angle \mathrm{PKA} = \angle R = \angle \mathrm{BAC},$$

および KA = AC から

$$\triangle \mathrm{PKA} \equiv \triangle \mathrm{BAC}$$

$$\therefore \quad \mathrm{PA} = \mathrm{BC}, \quad \angle \mathrm{PAK} = \angle \mathrm{BCA}$$

$$\therefore \quad \mathrm{QB} = \mathrm{PA} = \mathrm{BC},$$

$$\angle \mathrm{QBA} = \angle \mathrm{PAK} = \angle \mathrm{BCA}$$

よって

$$\angle \mathrm{QBC} = \angle \mathrm{QBA} + \angle \mathrm{ABC} = \angle \mathrm{BCA} + \angle \mathrm{ABC} = \angle R$$

したがって平行四辺形 QBCS は正方形で，これは正方形 BCFG と合同である．よって両者の面積も等しい．以上でピタゴラスの定理が証明できた．

なお上の証明から $\mathrm{PA} \perp \mathrm{BC}$，すなわち $\mathrm{AX} \perp \mathrm{BC}$ で

$$正方形\,\mathrm{ABDE} = 長方形\,\mathrm{BXYQ},$$

および

$$正方形\,\mathrm{ACHK} = 長方形\,\mathrm{XCSY}$$

がわかる．

また AX と FG の交点を Z とすれば

長方形 BXYQ ≡ 長方形 BXZG,

長方形 XCSY ≡ 長方形 XCFZ

であるから

正方形 ABDE = 長方形 BXZG,

正方形 ACHK = 長方形 XCFZ

がわかる.

これを直接に証明しようとして，ユークリッドの“原論”の証明が生れたのではなかろうか．これは筆者の想像である．

・証明 2・　正方形 ABDE を等積移動するのに，DB を固定して，EA の長さを変えずに直線 EA 上を移動させる方法もある．D を通って BC に平行線をひき AC との交点を L とすれば

正方形 ABDE = 平行四辺形 CBDL.

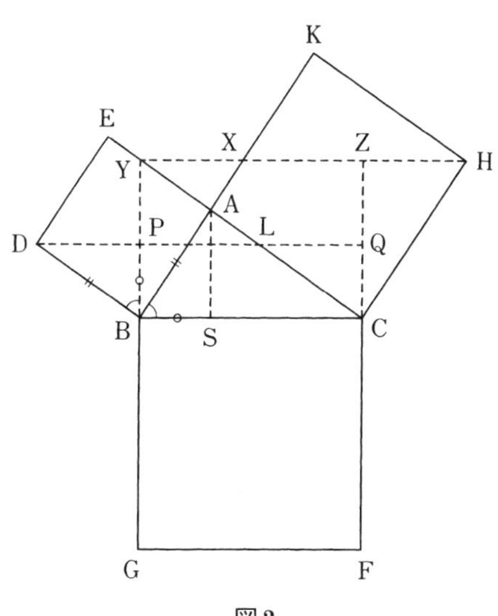

図 2

右辺の平行四辺形CBDLはBCを1辺とする平行四辺形であるから，これをBCを1辺とする長方形に等積変形することは容易である．すなわちBG，CFとDLとの交点をP，Qとすれば

$$\text{平行四辺形}\,\mathrm{CBDL} = \text{長方形}\,\mathrm{CBPQ}$$

同様にHを通りBCに平行な直線をひき，BA，BG，CFとの交点をX，Y，Zとすれば

$$\text{正方形}\,\mathrm{ACHK} = \text{平行四辺形}\,\mathrm{BCHX} = \text{長方形}\,\mathrm{BCZY}$$

よって長方形BCQPと長方形BCZYの面積の和が正方形BCFGの面積に等しいこと，したがって

$$\mathrm{BP}+\mathrm{CZ} = \mathrm{BG} = \mathrm{BC}$$

がいえればよい．

BCをBPとCZとの和に分解する目的で，BC上にSをBS＝BPにとる．そうすると $\mathrm{BS}=\mathrm{BP}$，$\mathrm{BA}=\mathrm{BD}$，$\angle\mathrm{SBA}=\angle\mathrm{PBD}$ から $\triangle\mathrm{ABS}\equiv\triangle\mathrm{DBP}$ がわかる．よって

$$\angle\mathrm{BSA} = \angle\mathrm{BPD} = \angle R, \qquad \therefore\quad \mathrm{AS}\perp\mathrm{BC}$$

したがって

$$\mathrm{CH} = \mathrm{CA}, \qquad \angle\mathrm{HCZ} = \angle\mathrm{ACS}, \qquad \angle\mathrm{ZHC} = \angle\mathrm{SAC}$$

がいえて

$$\triangle\mathrm{CHZ} \equiv \triangle\mathrm{CAS}, \qquad \therefore\quad \mathrm{CZ} = \mathrm{CS}$$

よって

$$\mathrm{BP}+\mathrm{CZ} = \mathrm{BS}+\mathrm{CS} = \mathrm{BC}$$

がいえて，ピタゴラスの定理が証明できた(この証明でもAからBCへの垂線が補助線として出てきた)．

・証明3・　正方形ABDEと正方形ACHKをあわせた図形の面積は，われわれが通常扱い慣れている四角形や五角形などの面積と違って扱いにくい．しかしこの図形に三角形ABCと三角形AEKを付け加えて空所を埋め，六角形BCHKEDにすると，面積を考えるのにも，ずっと扱い易くなる．そこで正方形BCFGにも三角形ABCと三角形AEKに合同な三角形を付け加えた図形を作り，その面積が六角形BCHKEDの面積に等しいことを証明しようと考える．

三角形ABCは正方形BCFGにくっついているからこれを一緒にした図形である五角形ABGFCに，三角形AEKに合同な図形を付け加えることを考える．

ところで△AEK≡△ABCであるから，この五角形ABGFCに△ABCと合同な三角形をつけ加えることを考え，

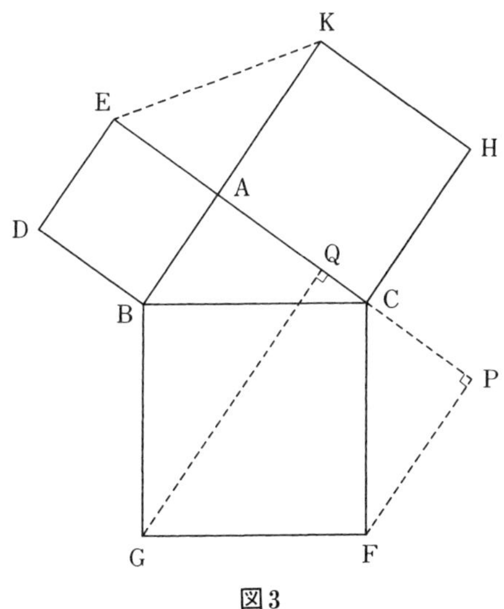

図3

CF = BC であるから，CF の上に△ ABC と合同な三角形をつけ加えることにする．

$$\triangle \mathrm{PCF} \equiv \triangle \mathrm{ABC}$$

(P, C, F は A, B, C の対応点)のように作れば

$$\angle \mathrm{ACB} + \angle \mathrm{PCF} = \angle \mathrm{ACB} + \angle \mathrm{ABC} = \angle R$$

であるから，A, C, P は一直線上にある．したがって P は F から AC への垂線の足である．

このように正方形 BCFG に△ ABC とこれに合同な△ PCF を付け加えた図形，すなわち五角形 ABGFP の面積が，六角形 BCHKED の面積に等しいことがいえればよい．

六角形 BCHKED は BK によって 2 つの台形に分割される．その 1 つの台形 BCHK を考えると，

$$\mathrm{BC} /\!/ \mathrm{GF}, \quad \mathrm{BC} = \mathrm{GF};$$
$$\mathrm{CH} /\!/ \mathrm{FP}, \quad \mathrm{CH} = \mathrm{FP}$$

および HK // PA であるから，台形 BCHK は平行移動(ベクトル $\overrightarrow{\mathrm{BG}}$ で表わされる)によって，五角形 ABGFP のなかに移されることがわかる．G から AC への垂線の足を Q とすると，この平行移動によって BK は GQ に重なる，すなわち G から AC に垂線 GQ をひくと

$$台形\ \mathrm{BCHK} \equiv 台形\ \mathrm{GFPQ}$$

となる．

したがってあとは台形 DBKE の面積と台形 ABGQ の面積が等しいことがいえればよいが，これが合同であることが次のように証明される．

$$\mathrm{QP} = \mathrm{KH} = \mathrm{AC}\ から\ \mathrm{AQ} = \mathrm{CP} = \mathrm{AB} = \mathrm{BD},$$

台形 DBKE と台形 ABGQ において

$$DB = AQ, \quad DE = AB, \quad BK = QG,$$

$$\angle EDB = \angle BAQ (= \angle R), \quad \angle KBD = \angle GQA (= \angle R)$$

であるから

$$台形 DBKE \equiv 台形 AQGB$$

こうして六角形 BCHKED = 五角形 ABGFP がいえピタゴラスの定理が証明される.

・証明4・　前証明では五角形 ABGFC に△ ABC と合同な三角形を付け加えるのに，それを CF の上に作ったが，今度はそれを FG の上に作ってみる.

$$\triangle PFG \equiv \triangle ABC$$

(P，F，G はそれぞれ A，B，C の対応点) とすると，

$$FP /\!/ BA, \quad FP = BA,$$

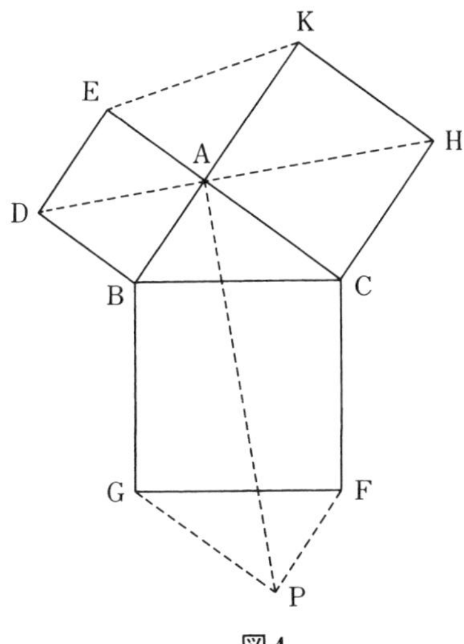

図4

および $GP /\!/ CA$, $GP = CA$ である.

D, A, H は一直線上にあって, B, E ; C, K はそれぞれ直線 DH に関して対称であるから

$$四角形\,DBCH \equiv 四角形\,DEKH \qquad (1)$$

また

$$AB = PF, \quad BG = FC, \quad GP = CA$$

および

$$\angle ABG = \angle PFC, \quad \angle BGP = \angle FCA$$

から

$$四角形\,ABGP \equiv 四角形\,PFCA \qquad (2)$$

また

$$BD = BA, \quad BC = BG, \quad CH = GP$$

および

$$\angle DBC = \angle ABG, \quad \angle BCH = \angle BGP$$

から

$$四角形\,DBCH \equiv 四角形\,ABGP \qquad (3)$$

(1), (2), (3) から

$$\begin{aligned} 六角形\,BCHKED &= (四角形\,DBCH) \times 2 \\ &= (四角形\,ABGP) \times 2 \\ &= 六角形\,ABGPFC, \end{aligned}$$

これから次式が導かれる.

$$正方形\,ABDE + 正方形\,ACHK = 正方形\,BCFG$$

・参考・　AP の中点を中心とする 180° の回転によって, 四角形 ABGP は四角形 PFCA に移動される.

また B を中心として, 時計の針の回る向きの 90° の回転によって, 四角形 DBCH は四角形 ABGP に移動される.

・証明5・　正方形についてのピタゴラスの定理を証明する代わりに，正方形の半分について証明する方法も考えられる．図5についていえば

$$\triangle \mathrm{ABE}+\triangle \mathrm{ACK}=\triangle \mathrm{BCF}$$

の証明である．

証明3の場合と同様に，△ ABE と△ ACK をあわせた図形に，△ ABC と△ AEK を付け加えて空所を埋めた図形，すなわち四角形 BCKE を考える．

そして，△ BCF に△ ABC を加えた図形である四角形 ABFC に，△ AEK に合同な三角形(すなわち△ ABC に合同な三角形)を付け加えることを考える．

いろいろの方法があるが，証明3のように△ PCF をつけ加えたとする．そうすると，P は F から AC への垂線の足である．こうしておいて，四角形 BCKE の面積と四角形 ABFP の面積が等しいことを証明しようと考える．

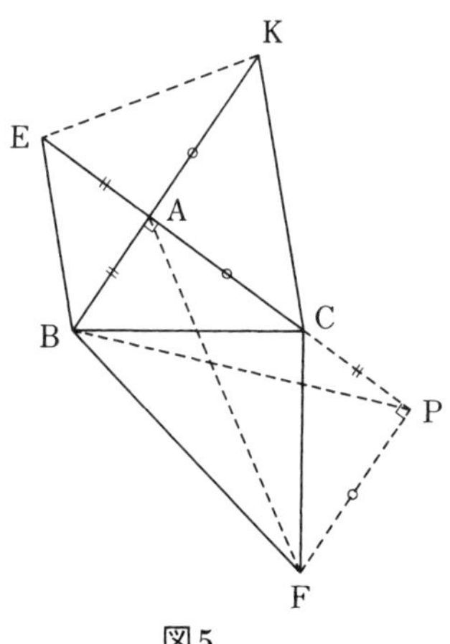

図5

△PCF≡△ABCであるからPC＝AB，PF＝ACである．

四角形BCKEを対角線BKで2分し，△BCKと，△EBKに分ける．また四角形ABFPを対角線AFで2分し，△AFPと△ABFに分ける．

△BCKと△AFPにおいて

$$BK = AB + AC = PC + AC = AP, \quad AC = PF$$

であるから，この2つの三角形は底辺と高さが等しく，したがって等積である．すなわち

$$\triangle BCK = \triangle AFP \qquad (1)$$

つぎに△EBKと△ABFが等積であることを示せばよいが，△ABF＝△ABPであるから，△EBKと，△ABPが等積であることがいえればよい．

ところでBK＝AP，AE＝ABであるから△EBKと△ABPは底辺と高さが等しく，したがって等積である．よって

$$\triangle EBK = \triangle ABF \qquad (2)$$

(1)＋(2)から

$$\text{四角形}BCKE = \text{四角形}ABFP$$

したがって

$$\triangle ABE + \triangle ACK = \triangle BCF$$

・証明6・　証明5においては正方形ABDE，ACKHの面積を2等分する対角線として，BE，CKを考えたが，AD，AKではどうであろうか．

この場合は

$$\triangle ABD + \triangle ACK = \triangle BCF$$

の証明になる．D, A, Kは一直線上にあるから

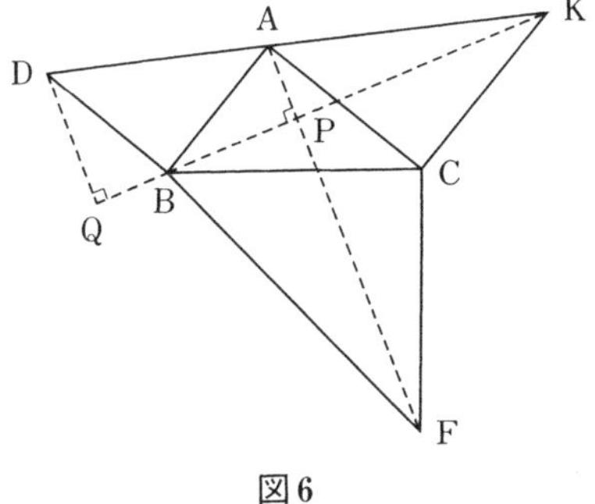

図6

$$\text{四角形 BCKD} = \text{四角形 ABFC} \qquad (1)$$

が証明できればよい．これらの四角形を対角線で二分した図形を考えるために，対角線 BK，AF をひく，そうすると，よく知られているように，

$$\triangle \mathrm{CKB} \equiv \triangle \mathrm{CAF} \qquad (2)$$

であることがわかる（△CKB を C を中心として，時計の針の回る向きと反対の向きに 90° 回転すると，△CAF に重なる）．

(2) から BK = FA，BK⊥AF がいえる．

(1) を証明するには，△DBK = △BAF がいえればよいが，両者の底辺 BK，AF は等しいから，D から BK への垂線の長さと，B から AF への垂線の長さが等しいことがいえればよい．

AF，BK の交点を P とすると BK⊥AF であるから BP が B から AF への垂線の長さになる．また D から BK への垂線の足を Q とする．△DBK = △BAF をいうには DQ = BP をいえばよいことになる．

これは△DQB ≡ △BPA から容易に証明される．

このように DQ = BP，BK = AF から

$$\triangle \mathrm{DBK} = \triangle \mathrm{BAF} \qquad (3)$$

がいえ，したがって(2), (3)から(1)が成立し

$$\triangle \mathrm{ABD} + \triangle \mathrm{ACK} = \triangle \mathrm{BCF}$$

が証明される．

なお証明3，証明4などで，五角形ABGFCに，△ABCと合同な三角形を付け加えるのに，やり方によってはうまく証明できない場合もある．これらは試行錯誤の後に除外され，うまくいくものだけが残される．

どうしてうまくいくものが見付かったのかは，試行錯誤の結果である．

正方形を三角形の外側に作って，図形的にピタゴラスの定理を証明したが，以上の証明のほかにもたくさんの証明法がある．また正方形のいくつかを，三角形のある側に作って証明することも，比例や計算を用いて証明することもできる．このようにピタゴラスの定理の証明には，いろいろな考え方とそれに応じた証明法がたくさんあり，古来これほどたくさんの証明法が案出されたものは他に類を見ない．

ピタゴラスの定理は，生徒の思考力を養成するのに恰好な教材である．これを単なる知識としてのみ生徒に教えるのは，もったいない気がする．

1 三角形の合同定理

三角形の合同に関する「2 辺夾角」,「1 辺と両端の角」,「3 辺」などの定理や，中学校で学習した図形に関する基本性質は，既知のものとして話をすすめる.

三角形が合同であれば，対応する辺の長さ，対応する頂角は等しい．したがって三角形の合同によって，線分の長さや，角の大きさの等しいことが証明される.

・例題 1・　鋭角三角形 ABC において $\angle A = 45°$ とし，A から BC への垂線の足を D，B から AC への垂線の足を E とし，AD と BE の交点を H とすれば AH = BC である.

・着想・　AH と BC を対応辺とする合同な三角形があるかどうかを考えてみる．図を正しく書いてみると直角三角形 AHE, BCE の合同が見えてくる.

・解・　△ABE において $\angle A = 45°$，$\angle AEB = 90°$ であるから,

$$\angle ABE = 90° - 45° = 45°.$$

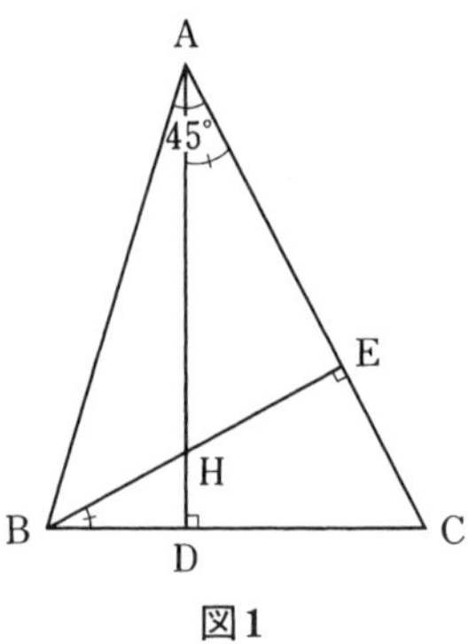

図1

したがって

$$AE = BE \qquad (1)$$

また

$$\angle HAE = \angle DAC = 90° - \angle C = \angle CBE \qquad (2)$$

また

$$\angle AEH = \angle BEC \qquad (3)$$

(1), (2), (3)から

$$\triangle AEH \equiv \triangle BEC$$

よって AH = BC である.

・例題 2・　三角形 ABC の B から AC への垂線の足を D とし，線分 BD 上，または D をこえた延長上に点 P を BP = AC にとる．同様に C から AB への垂線 CE 上，またはその延長上に点 Q を CQ = AB にとれば，三角形 APQ は直角二等辺三角形である．

・着想・　図から AP = AQ であることが予想される．これを証明するために AP, AQ を対応辺とする合同な三角形を探

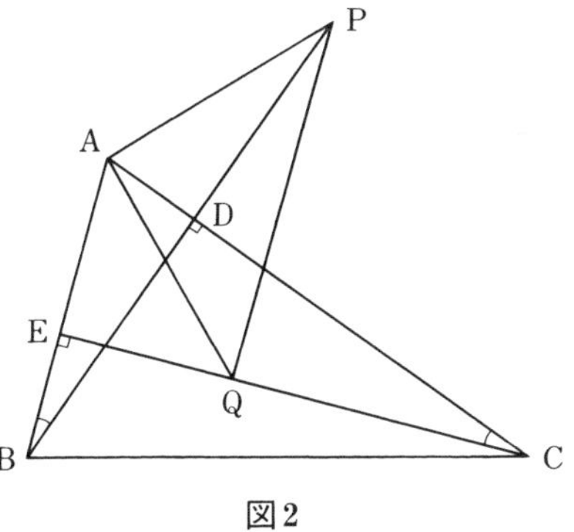

図2

してみる．仮定から，BP = AC，BA = CQ であるから △ABP と △ACQ は3辺が等しく，合同となるはずである．

・解・　図において

$$\begin{aligned}\angle \mathrm{ABP} &= \angle \mathrm{ABD}\\ &= \angle R - \angle \mathrm{BAD}\\ &= \angle R - \angle \mathrm{EAC}\\ &= \angle \mathrm{ACE} = \angle \mathrm{ACQ}.\end{aligned}$$

よって

$$\angle \mathrm{ABP} = \angle \mathrm{ACQ}$$

これと BA = CQ，BP = CA より

$$\triangle \mathrm{BAP} \equiv \triangle \mathrm{CQA}.$$

よって

$$\mathrm{AP} = \mathrm{AQ},\ \ \angle \mathrm{APB} = \angle \mathrm{QAC}$$

$$\begin{aligned}\therefore\quad \angle \mathrm{QAP} &= \angle \mathrm{QAC} + \angle \mathrm{CAP}\\ &= \angle \mathrm{APB} + \angle \mathrm{CAP}\\ &= \angle \mathrm{ADB} = \angle R\end{aligned}$$

よって △APQ は直角二等辺三角形である．

・例題3・　菱(ひし)形ABCDの辺AB, BC, CD, DA上に，それぞれ点P, Q, R, SをAP = BQ = CR = DSであるようにとるとき，四辺形PQRSは菱形になるかどうかを調べよ．

・着想・　図を一つ書いて長さを測って，菱形ではないようだと感じても，P, Q, R, Sの別の取り方では，菱形になるかも知れない．

四辺形PQRSが菱形となる場合を調べるために，四辺形PQRSが菱形であるとして，それからどんな結論が導かれるかを調べる．

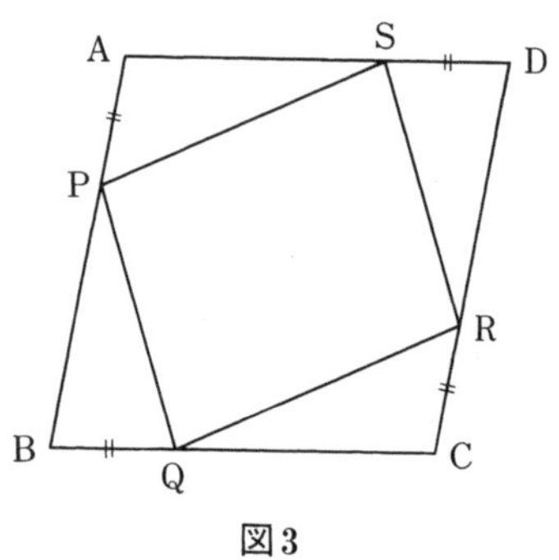

図3

・解・　四辺形PQRSが菱形であるとすればPQ = QR = RS = SPである．△APSと△BQPにおいて，

$$\mathrm{AP} = \mathrm{BQ},$$
$$\mathrm{AS} = \mathrm{AD} - \mathrm{DS} = \mathrm{AB} - \mathrm{AP} = \mathrm{BP},$$
$$\mathrm{PS} = \mathrm{QP}$$

であるから△APS ≡ △BQP．

$$\therefore \quad \angle\mathrm{PAS} = \angle\mathrm{QBP}$$

しかるにAD∥BCであるから

$$\angle \mathrm{PAS} + \angle \mathrm{QBP} = 2\angle R$$

よって $\angle \mathrm{PAS} = \angle \mathrm{QBP} = \angle R$. ゆえに菱形ABCDは正方形でなくてはならない.

逆に正方形ABCDにおいて，辺AB, BC, CD, DA上にP, Q, R, Sを $\mathrm{AP} = \mathrm{BQ} = \mathrm{CR} = \mathrm{DS}$ であるようにとれば，四辺形PQRSが正方形になることは容易に証明される.

なお $\angle \mathrm{A}$ が鈍角の菱形では四辺形PQRSは $\mathrm{PQ} < \mathrm{PS}$ の平行四辺形になる.

・例題4・　正方形ABCDの $\angle \mathrm{C}$ の外角の2等分線と，辺BC上の点EにおいてAEに立てた垂線との交点をFとすれば，$\mathrm{AE} = \mathrm{EF}$ である.

・着想・　AE, EFを対応辺とする合同な三角形は，図上にはない. しかし，この図の性質を調べてみると，$\angle \mathrm{FEC} = \angle \mathrm{AEC} - \angle R = \angle \mathrm{BAE}$ がわかるから，$\triangle \mathrm{CEF}$ と合同な三角形を $\triangle \mathrm{ABE}$ 内にはめこむことができる. つまり辺AB上に点Gを $\mathrm{AG} = \mathrm{CE}$ にとれば $\triangle \mathrm{AGE} \equiv \triangle \mathrm{ECF}$ となるはずである.

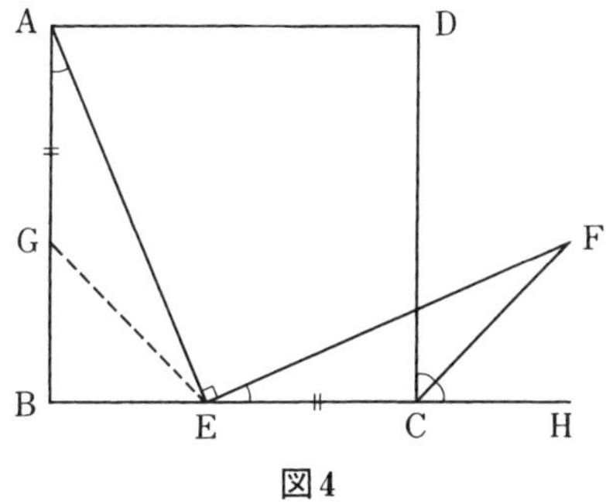

図4

・解・　辺 AB 上に点 G を AG = CE にとれば

$$BG = AB - AG = BC - CE = BE$$

であるから，△BGE は直角二等辺三角形である．したがって ∠BGE = 45°，よって ∠AGE = 135° である．

辺 BC の延長上の点を H とすると ∠DCF = ∠FCH = 45° であるから ∠ECF = 135° である．

また

$$\begin{aligned}\angle \mathrm{FEC} &= \angle \mathrm{AEC} - \angle R\\ &= (\angle \mathrm{EAB} + \angle \mathrm{ABE}) - \angle R\\ &= \angle \mathrm{EAB}\\ &= \angle \mathrm{EAG}\end{aligned}$$

△AGE，△ECF において

$$AG = EC,\ \angle AGE = \angle ECF,\ \angle EAG = \angle FEC$$

であるから

$$\triangle AGE \equiv \triangle ECF$$

よって AE = EF である．

・例題 5・　正三角形 ABC の辺 AC 上の点を D，辺 BC の延長上の点を E とするとき，AD = CE ならば，BD = DE である．

・着想・　まず図形の性質を調べる．BD = DE ならば ∠DBE = ∠DEB である．60° からこれらの角をひいて ∠ABD = ∠CDE であることがわかる．したがって △ABD の中に △DCE と合同な三角形をはめこむことができる．すなわち辺 AB 上に点 F を BF = DC にとれば，△BDF ≡ △DEC となるはずである．

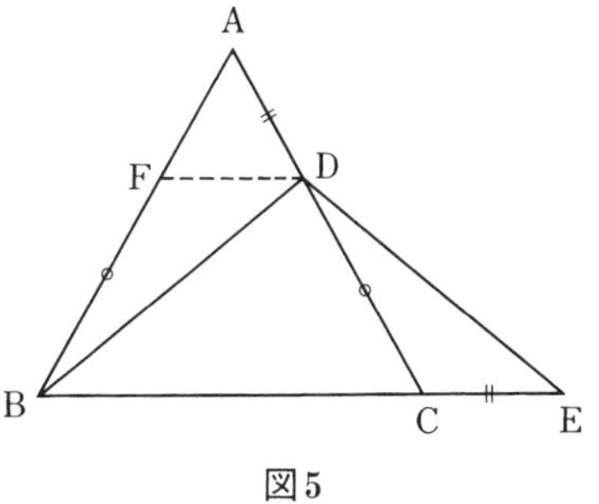

図5

・解・　辺 AB 上に点 F を BF = DC にとれば

$$AF = AB - BF = AC - DC = AD,$$

これと $\angle FAD = 60°$ より $\triangle AFD$ は正三角形である．よって

$$FD = AD = CE.$$

$\triangle FBD$ と $\triangle CDE$ において

$$BF = DC, \quad FD = CE,$$

また

$$\angle BFD = 180° - \angle AFD = 180° - 60° = 120°$$
$$\angle DCE = 180° - \angle DCB = 180° - 60° = 120°$$

より $\angle BFD = \angle DCE$ がいえるから

$$\triangle FBD \equiv \triangle CDE$$

よって BD = DE である．

・例題6・　直角二等辺三角形 ABC の直角頂を A とし，等辺 AB, AC 上に点 D, E を AD = CE にとり，A から DE への垂線と BC との交点を P とすれば，AP = DE である．

・着想・　$\angle DAE = \angle R$，$AP \perp DE$ から $\angle BAP = \angle AED$ がわかる．したがって $\triangle ABP$ と合同な三角形が $\triangle ADE$ の上

に作れる．すなわち辺 EA の A をこえた延長上に F を $EF = AB$ にとれば，$\triangle DEF$ は $\triangle PAB$ と合同となるはずである．

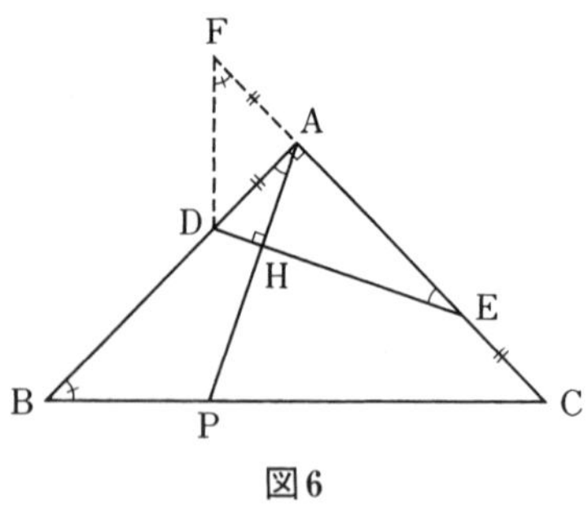

図 6

・解・ 辺 AC の延長上に点 F を $AF = CE$ にとれば

$$EF = EA + AF = EA + CE = AC = AB$$

である．

また

$$AF = CE = AD$$

から $\triangle ADF$ は直角二等辺で $\angle AFD = 45^\circ$ である．また $\triangle ABC$ は直角二等辺であるから $\angle ABC = 45^\circ$，したがって

$$\angle EFD = 45^\circ = \angle ABP.$$

AP と DE の交点を H とする．

$$\begin{aligned}\angle AED &= \angle R - \angle ADE \\ &= \angle AHE - \angle ADE \\ &= \angle DAH = \angle BAP.\end{aligned}$$

$\triangle ABP$ と $\triangle EFD$ において $AB = EF$，$\angle ABP = \angle EFD$，$\angle BAP = \angle FED$ であるから

$$\triangle ABP \equiv \triangle EFD.$$

よって $AP = DE$ である．

・例題7・ 直角二等辺三角形 ABC の直角頂を A とし，辺 AC 上に点 D, E を AD = CE にとり，A から BD への垂線と BC との交点を P とすれば∠ADB = ∠CEP である．

・着想・ E, P を結びつける直接の関係がないので，どうしたらよいか判らない．しかし図形の性質として AP⊥BD から ∠ABD = ∠CAP がいえるから △ABD を AB が AC に重なるようにして △ACP の上に重ね合わすことができる．すなわち AP の延長上に点 Q を AQ = BD にとれば △ABD ≡ △CAQ となって，CQ = AD = CE と，もう一つの条件が使える．そして △CEP ≡ △CQP であることも予想され，∠CEP とも関係がついてくる．

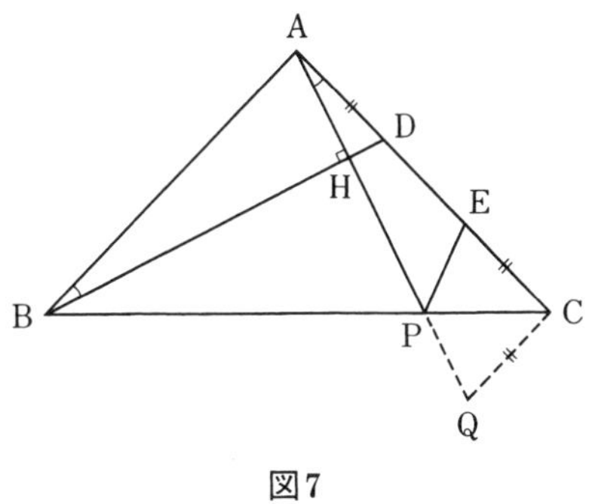

図7

・解・ AP と BD の交点を H とすれば ∠BAD = ∠R，AH ⊥BD より

$$\angle \mathrm{ABD} = \angle \mathrm{DAH} = \angle \mathrm{CAP}.$$

線分 AP の延長上に点 Q を BD = AQ にとれば AB = AC であるから

$$\triangle \mathrm{ABD} \equiv \triangle \mathrm{CAQ}$$

である．よって $\angle\mathrm{ADB} = \angle\mathrm{CQA}$, $\angle\mathrm{BAD} = \angle\mathrm{ACQ}$, および $\mathrm{AD} = \mathrm{CQ}$ である．したがって

$$\angle\mathrm{ACQ} = \angle R, \quad \mathrm{CQ} = \mathrm{AD} = \mathrm{CE}$$

である．また $\angle\mathrm{ACB} = 45^\circ$ であるから

$$\angle\mathrm{PCQ} = \angle\mathrm{ACQ} - \angle\mathrm{ACB} = 90^\circ - 45^\circ = 45^\circ$$

よって

$$\angle\mathrm{PCQ} = \angle\mathrm{ECP}.$$

PC は共通で $\mathrm{CQ} = \mathrm{CE}$ であるから

$$\triangle\mathrm{PQC} \equiv \triangle\mathrm{PEC}$$

である．ゆえに

$$\angle\mathrm{CQP} = \angle\mathrm{CEP}.$$

$\angle\mathrm{ADB} = \angle\mathrm{CQA} = \angle\mathrm{CQP}$ であるから $\angle\mathrm{ADB} = \angle\mathrm{CEP}$ である．

・参考・　D, E が一致するときはこの点は辺 AC の中点となる．この場合の問題が 2000 年の Baltic Way Contest に出題された(著者提出)．

・例題 8・　円 O の直径を AB とし，B における接線上に点 C を $\mathrm{AB} = \mathrm{BC}$ にとり，線分 OC と円 O との交点を D とする．直線 AD と BC との交点を E とすれば $\mathrm{BE} = \mathrm{CD}$ である．

・着想・　$\angle\mathrm{DBC} = \angle\mathrm{BAE}$ であるから $\triangle\mathrm{ABE}$ を移動させて AB が BC に，AE が BD 上に重なるようにおくことができる．この位置を $\triangle\mathrm{BCF}$ とすると BE が CF に移動されるので，あとは $\mathrm{CF} = \mathrm{CD}$ が証明できればよい．

・解・　C において BC に立てた垂線と BD との交点を F とする．BC は円 O の接線であるから

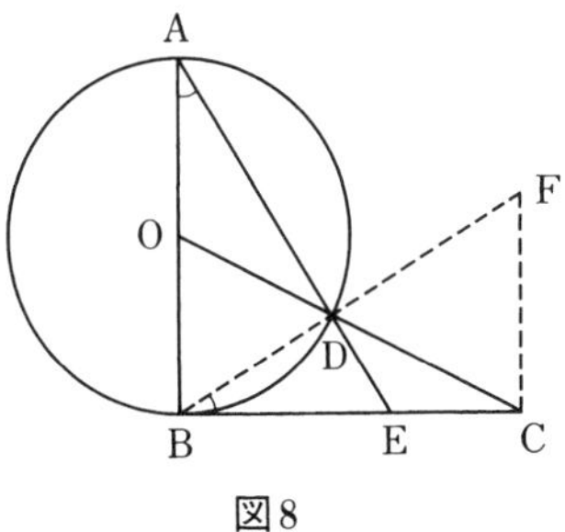

図8

$$\angle BAE = \angle DBE = \angle FBC$$

また

$$\angle ABE = \angle R = \angle BCF,$$

これらと AB = BC から

$$\triangle ABE \equiv \triangle BCF$$

よって

$$BE = CF \qquad (1)$$

OB⊥BC, FC⊥BC であるから

$$OB /\!/ CF,$$

また OB = OD であるから

$$\angle CFD = \angle OBD = \angle ODB = \angle CDF$$

よって CD = CF がいえる.

これと(1)から

$$BE = CD.$$

最後に練習のための問題を掲げる. 問題1は例題4の拡張, 問題2は例題5の逆にあたる. 例題の解と同様な方法で解ける.

・問題 1・　△ABC において AB = BC とし，辺 BC 上の点を E とする．円 ABC の C における接線と，円 ABE の E における接線の交点を F とすれば AE = EF である．

・問題 2・　△ABC において AB = AC とする．辺 AC 上の点を D，辺 BC の C をこえた延長上の点を E とするとき，AD = CE，BD = DE ならば，△ABC は正三角形である．

2 2辺と1角の合同条件

三角形の2辺とその1辺に対する角が，他の三角形の対応する2辺と角に等しいときの合同について考えてみる．これに関しては，次の定理がある．

・定理1・ △ABCと△DEFにおいてAB = DE，AC = DF，∠B = ∠Eならば，∠C = ∠F，または∠C+∠F = 2∠Rである．

・証明・ BからCに向かう半直線上に点HをBH = EFにとれば，

△ABH ≡ △DEF　　(2辺夾角)

であるからAH = DF = ACおよび∠AHB = ∠DFEである．

Hが Cに一致するときは∠C = ∠Fで，HがCに一致しないときは∠AHC = ∠ACHであるから，図の場合

∠AHB+∠AHC = 2∠R

で

∠DFE+∠ACB = ∠AHB+∠AHC = 2∠R

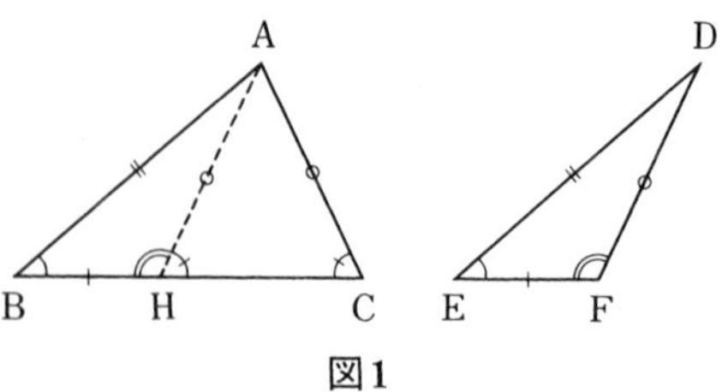

図1

である．すなわち

$$\angle \mathrm{C}+\angle \mathrm{F}=2\angle R.$$

なお図の H, C の位置が入れかわっている場合も同様に証明される．

定理 1 において $\angle \mathrm{C}+\angle \mathrm{F}$ が 2 直角でないときは $\triangle \mathrm{ABC} \equiv \triangle \mathrm{DEF}$ である．これが次の定理である．

・定理 2・　$\triangle \mathrm{ABC}$ と $\triangle \mathrm{DEF}$ において $\mathrm{AB}=\mathrm{DE}$,　$\mathrm{AC}=\mathrm{DF}$, $\angle \mathrm{B}=\angle \mathrm{E}$ で $\angle \mathrm{C}+\angle \mathrm{F} \neq 2\angle R$ ならば $\triangle \mathrm{ABC} \equiv \triangle \mathrm{DEF}$ である．

では $\angle \mathrm{C}+\angle \mathrm{F} \neq 2\angle R$ であるのはどんな場合であろうか．

$\angle \mathrm{B}=\angle \mathrm{E} \geqq \angle R$ ならば $\angle \mathrm{C}, \angle \mathrm{F}$ はどちらも鋭角であるから，その和は $2\angle R$ より小さい．よって $\angle \mathrm{C}+\angle \mathrm{F} \neq 2\angle R$ で両三角形は合同である．このうち $\angle \mathrm{B}=\angle \mathrm{E}=\angle R$ の場合は，「斜辺と一辺の長さが等しい二つの直角三角形は合同である」という定理でよく知られている．

また $\mathrm{AB} \leqq \mathrm{AC}$ (したがって $\mathrm{DE} \leqq \mathrm{DF}$)のときは

$$\angle \mathrm{ACB} \leqq \angle \mathrm{ABC} < 2\angle R-\angle \mathrm{C} \qquad (\angle \mathrm{C}\ の外角)$$

より $\angle C < \angle R$ がいえる．

同様に $DE \leqq DF$ から $\angle F < \angle R$ がいえるから

$$\angle C + \angle F < 2\angle R,$$

したがって両三角形は合同である．

・定理3・　$\triangle ABC$ と $\triangle DEF$ において $AB = DE$, $AC = DF$, $\angle B = \angle E \geqq \angle R$ ならば

$$\triangle ABC \equiv \triangle DEF$$

である．

・定理4・　$\triangle ABC$ と $\triangle DEF$ において $AB = DE$, $AC = DF$, $\angle B = \angle E$ で $AB \leqq AC$ ならば

$$\triangle ABC \equiv \triangle DEF$$

である．

定理3は定理4の特別な場合にあたる．また定理1において $\angle C + \angle F = 2\angle R$ の場合が生じるのは $AB > AC$ の場合に限ることがわかる．ただし定理1において，$AB > AC$ のとき $\angle C = \angle F$, あるいは $\angle C + \angle F = 2\angle R$ のどちらが成り立つかは断定できない．

・例題1・　$\triangle ABC$ の辺 AB, AC 上の点を D, E とするとき $AD = AE$, $BE = CD$ ならば $AB = AC$ である．

・着想・　結論からみて $\triangle ABE \equiv \triangle ACD$ となるはずである．そこで両三角形の間の関係を考える．

・解・　$\triangle ABE$ と $\triangle ACD$ において $AE = AD$, $BE = CD$, $\angle BAE = \angle CAD$ であるから定理1により

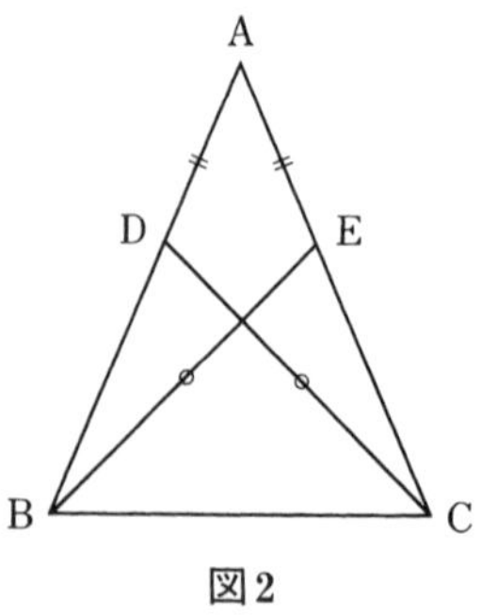

図2

$$\angle ABE = \angle ACD$$

あるいは

$$\angle ABE + \angle ACD = 2\angle R$$

である．ところが

$$\angle ABE + \angle ACD < \angle ABC + \angle ACB < 2\angle R$$

であるから，後者は成り立たない．したがって

$$\triangle ABE \equiv \triangle ACD.$$

ゆえに AB = AC である．

・例題 2・　△ABC の辺 AB, AC のそれぞれ B, C を越えた延長上の点を D, E とするとき AD = AE, BE = CD ならば，AB = AC といえるかどうかを調べよ．

・着想・　前題と同様に△ABE と△ACD は 2 辺と 1 角の等しい三角形であって ∠ABE と ∠ACD は等しいか補角をなす．後者の場合が起こり得るかどうかが問題である．

・解・　△ABE と △ACD において AE = AD, BE = CD, ∠BAE = ∠CAD であるから，定理 1 により

$$\angle ABE = \angle ACD$$

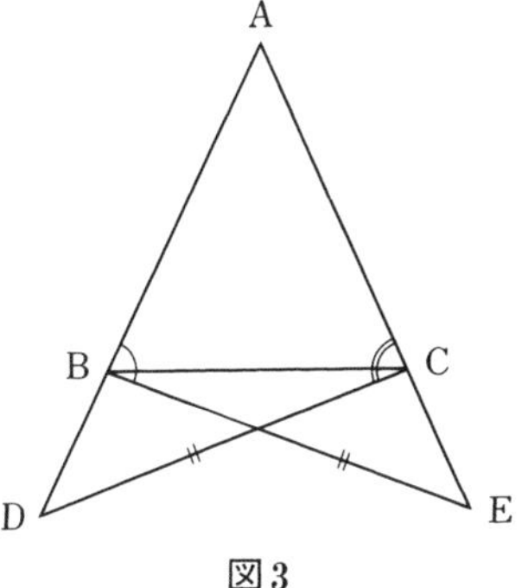

図3

または

$$\angle \mathrm{ABE} + \angle \mathrm{ACD} = 2\angle R$$

である．

$\angle \mathrm{A} \geqq \angle R$ のときは，$\angle \mathrm{ABE} = \angle \mathrm{ACD}$ が成り立つから $\triangle \mathrm{ABE} \equiv \triangle \mathrm{ACD}$ で $\mathrm{AB} = \mathrm{AC}$ がいえる．

しかし，$\angle \mathrm{A} < \angle R$ のときは $\angle \mathrm{ABE} + \angle \mathrm{ACD} = 2\angle R$ の場合があって，必ずしも $\mathrm{AB} = \mathrm{AC}$ とはいえない．

つぎに $\angle \mathrm{A} = 60^\circ$ の場合について反例をあげる．

$\triangle \mathrm{ABC}$ において $\angle \mathrm{A} = 60^\circ, \mathrm{AB} \neq \mathrm{AC}$ とする．

辺 AB, AC の延長上に点 D, E を $\mathrm{BD} = \mathrm{AC}, \mathrm{CE} = \mathrm{AB}$ であるようにとれば，

$$\mathrm{AD} = \mathrm{AB} + \mathrm{AC} = \mathrm{AE}$$

で $\angle \mathrm{A} = 60^\circ$ であるから $\triangle \mathrm{ADE}$ は正三角形である．$\triangle \mathrm{ABE}$ と $\triangle \mathrm{ECD}$ において，$\mathrm{AB} = \mathrm{EC}$，$\mathrm{AE} = \mathrm{ED}$，$\angle \mathrm{BAE} = 60^\circ = \angle \mathrm{CED}$ であるから，

$$\triangle \mathrm{ABE} \equiv \triangle \mathrm{ECD},$$

よって $\mathrm{BE} = \mathrm{CD}$ である．$\triangle \mathrm{ABC}$ において D, E は辺 AB, AC の延長上の点で，$\mathrm{AD} = \mathrm{AE}$，$\mathrm{BE} = \mathrm{CD}$ であるが，$\mathrm{AB} \neq \mathrm{AC}$

であるから，この条件を満足していても必ずしも AB = AC とはいえない．

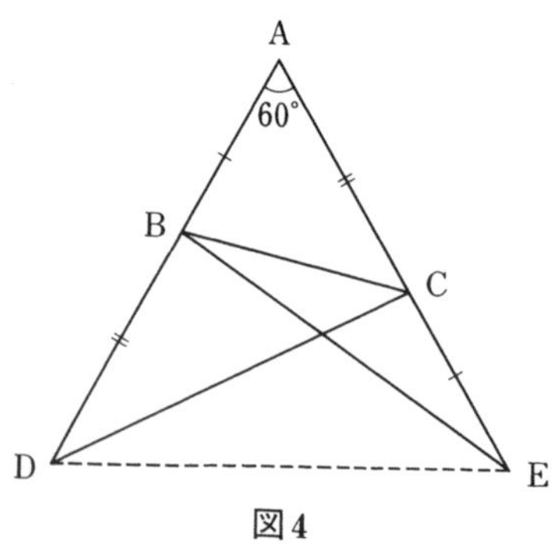

図4

・注意・　∠A = 60° の場合についての反例をあげたが，∠A < ∠R の場合はいつでも同様な反例を作ることができる．

・例題3・　△ABC の辺 BC の中点を M とするとき ∠C = 30°，および ∠BAM = 2∠MAC ならば，△ABC はどんな三角形であるか．

・着想・　この図形がどんな性質をもっているかを調べる．∠MAC の 2 倍の角を作り，それと ∠BAM とを結びつけることと，∠C = 30° の条件を利用するために M の AC に関する対称点を作って考える．

・解・　M の辺 AC に関する対称点を D とすれば ∠DAC = ∠MAC および ∠DCA = ∠MCA = 30°，かつ AD = AM, CD = CM である．したがって

$$\angle \mathrm{BAM} = 2\angle \mathrm{MAC} = \angle \mathrm{MAD}$$

また

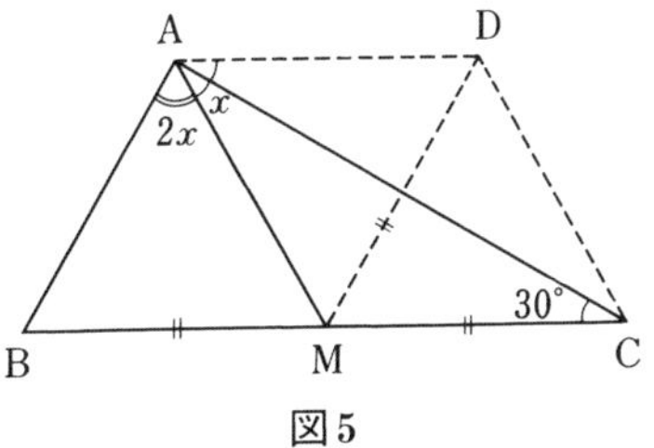

図5

$$\angle \mathrm{MCD} = 60^\circ$$

である．後者と CD = CM から △MCD は正三角形となるから

$$\mathrm{MD} = \mathrm{MC} = \mathrm{BM}$$

である．

△ABM と △ADM において BM = MD，AM = AM，∠BAM = ∠MAD であるから，

$$\angle \mathrm{ABM} = \angle \mathrm{ADM} = \angle \mathrm{AMD}$$

または

$$\angle \mathrm{ABM} + \angle \mathrm{ADM} = 180^\circ,$$

すなわち

$$\angle \mathrm{ABM} + \angle \mathrm{AMD} = 180^\circ$$

である．∠MAC = x とおくと ∠BAM = $2x$ で

$$\angle \mathrm{B} = 180^\circ - (3x + 30^\circ),$$

また MD⊥AC から

$$\angle \mathrm{AMD} = 90^\circ - x$$

である．

∠ABM = ∠AMD のときは

$$180^\circ - (3x + 30^\circ) = 90^\circ - x$$

これから $x = 30°$，よって $\angle B = 60°$ である．

また $\angle ABM + \angle AMD = 180°$ のときは

$$180° - (3x + 30°) + (90° - x) = 180°$$

であるから $x = 15°$，したがって $\angle B = 105°$ である．

よって△ABC は $\angle B = 60°$，$\angle C = 30°$ の三角形，または $\angle B = 105°$，$\angle C = 30°$ の三角形である．逆に，このような三角形は条件を満足することは次のように証明される．

$\angle B = 60°$，$\angle C = 30°$ ならば $\angle A = 90°$ であるから，BC の中点を M とすれば $AM = BM = CM$，これから

$$\angle MAC = \angle MCA = 30°, \quad \angle MAB = \angle MBA = 60°$$

よって

$$\angle BAM = 2\angle MAC.$$

$\angle B = 105°$，$\angle C = 30°$ のときは $\angle A = 45°$ である．BC の中点を M, B から AC への垂線の足を D とすれば△ABD は直角二等辺三角形であるから $AD = BD$ である．また $DM = BM = MC$ であるから，

$$\angle MDC = \angle MCD = 30°,$$

また

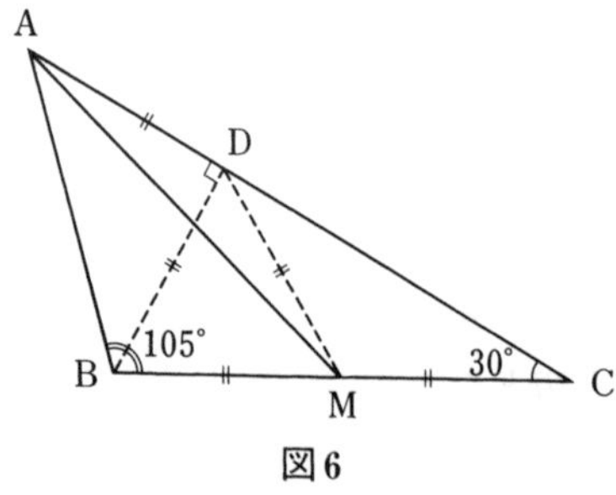

図6

$$\angle BMD = 30^\circ + 30^\circ = 60^\circ$$

であるから△BMDは正三角形で，BD = DM，したがってAD = DM，これと $\angle MDC = 30^\circ$ から $\angle MAD = 15^\circ$，よって

$$\angle BAM = \angle BAD - \angle MAD$$
$$= 45^\circ - 15^\circ = 30^\circ,$$

したがって $\angle BAM = 2\angle MAC$ である．

このように二つの三角形はどちらも条件を満足する．

・例題4・　△ABCの辺AB, AC上の点をD, Eとするとき

$$\angle ABE - \angle EBC = \angle ACD - \angle DCB,$$

およびBE = CDならば，AB = ACである．

・着想・　BE = CDに着目してCDの上に△BCEと合同な三角形を作ってみる．試行錯誤としての一つの方法である．

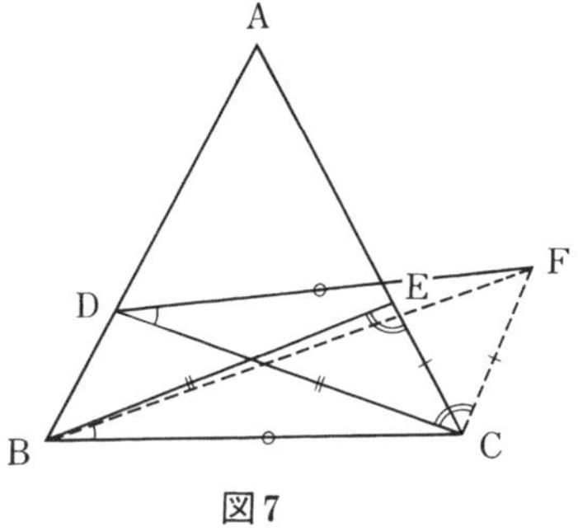

図7

・解・　　$\angle ABE - \angle EBC = \angle ACD - \angle DCB$

だから

$$\angle ABE + \angle DCB = \angle ACD + \angle EBC$$

この式の左辺と右辺とを加えたものは $\angle ABC + \angle ACB$ で，これは $2\angle R - \angle A$ に等しいから

$$\angle \mathrm{ABE}+\angle \mathrm{DCB}=\angle \mathrm{ACD}+\angle \mathrm{EBC}$$
$$=\angle R-\frac{1}{2}\angle \mathrm{A} \qquad (1)$$

である．

CD に関して点 B の反対側に点 F を $\angle \mathrm{FDC}=\angle \mathrm{EBC}$, $\mathrm{DF}=\mathrm{BC}$ にとれば $\mathrm{DC}=\mathrm{BE}$ であるから，$\triangle \mathrm{DCF}\equiv\triangle \mathrm{BEC}$ である．よって

$$\angle \mathrm{DCF}=\angle \mathrm{BEC}, \quad \mathrm{CF}=\mathrm{EC}$$

である．したがって，これと(1)より

$$\begin{aligned}\angle \mathrm{BCF}&=\angle \mathrm{DCF}+\angle \mathrm{DCB}\\&=\angle \mathrm{BEC}+\angle \mathrm{DCB}\\&=(\angle \mathrm{A}+\angle \mathrm{ABE})+\angle \mathrm{DCB}\\&=\angle \mathrm{A}+\left(\angle R-\frac{1}{2}\angle \mathrm{A}\right)\\&=\angle R+\frac{1}{2}\angle \mathrm{A} \qquad (2)\end{aligned}$$

また

$$\begin{aligned}\angle \mathrm{BDF}&=\angle \mathrm{BDC}+\angle \mathrm{FDC}\\&=(\angle \mathrm{A}+\angle \mathrm{ACD})+\angle \mathrm{EBC}\\&=\angle \mathrm{A}+\left(\angle R-\frac{1}{2}\angle \mathrm{A}\right)\\&=\angle R+\frac{1}{2}\angle \mathrm{A} \qquad (3)\end{aligned}$$

(2), (3)から

$$\angle \mathrm{BCF}=\angle \mathrm{BDF}>\angle R \qquad (4)$$

$\triangle \mathrm{BCF}$ と $\triangle \mathrm{FDB}$ において，$\mathrm{BC}=\mathrm{FD}$, $\mathrm{BF}=\mathrm{FB}$, これと(4)から定理 3 により $\triangle \mathrm{BCF}\equiv\triangle \mathrm{FDB}$ である．よって $\mathrm{CF}=\mathrm{DB}$,

ところが CF = EC であるから DB = EC である．

△BCD と△CBE において

$$DB = EC, \quad CD = BE, \quad BC = CB$$

であるから

$$\triangle BCD \equiv \triangle CBE,$$

よって ∠DBC = ∠ECB，したがって AB = AC である．

・参考・　二等辺三角形の二つの底角の二等分線の長さは相等しい．これを逆にして「二つの角の二等分線の長さが等しい三角形は二等辺三角形である」という定理がある．これにはシュタイナー-レームスの定理という名前がついている．これは，レームス(Lehmus, 1780-1863)がシュタイナー(Steiner, 1796-1863)に 1840 年にこの問題を提示したことに由来するという．

「△ABC の辺 AB, AC 上の点を D, E とするとき ∠ABE = ∠EBC，∠ACD = ∠DCB，および BE = CD ならば AB = AC である．」

これは上の定理をさらに具体的に表わしたものである．BE, CD の交点は△ABC の内心で，∠A の二等分線上にある．これに着目して次のような拡張が得られる．

・拡張 1・　△ABC の辺 AB, AC 上の点を D, E とし，BE, CD の交点を P とする．∠BAP = ∠PAC，BE = CD ならば AB = AC である．

また次のような拡張もある．

・拡張 2・　△ABC の辺 AB, AC 上の点を D, E とするとき，

$$\angle \mathrm{ABE} : \angle \mathrm{EBC} = \angle \mathrm{ACD} : \angle \mathrm{DCB},\ \mathrm{BE} = \mathrm{CD}$$

ならば $\mathrm{AB} = \mathrm{AC}$ である．(比の値が 1 のときが原問題)

以上二つの拡張は既知のものであるが，例題 4 も一つの新しい拡張である．例題 4 で

$$\angle \mathrm{ABE} - \angle \mathrm{EBC} = \angle \mathrm{ACD} - \angle \mathrm{DCB} = 0$$

のときが原問題にあたる．

3 中点連結定理

「△ABC の辺 AB, AC の中点を M, N とすれば MN ∥ BC および $MN = \frac{1}{2}BC$ である.」

これを中点連結定理という. この定理は線分の中点に関係のある問題で, 線分の長さや角の移動によく利用される. 一般に線分の中点に関係のある問題では, 他の線分の中点とこの中点とを結ぶ線分を補助線として, 中点連結定理を適用して解答に到達する場合がしばしばある.

・例題 1・ 四辺形 ABCD の辺 AD, CD の中点を M, N とし, BM, BN と AC との交点を P, Q とするとき, AP = PQ = QC ならば, 四辺形 ABCD は平行四辺形である.

・着想・ M, P はそれぞれ AD, AQ の中点であるから中点連結定理により PM ∥ QD, したがって BP ∥ QD がわかる. 同様に QN ∥ PD, したがって BQ ∥ PD がいえて, 四辺形 PBQD が平行四辺形であることがわかる. このようにこの図形がどんな性質をもつかを調べて, それが

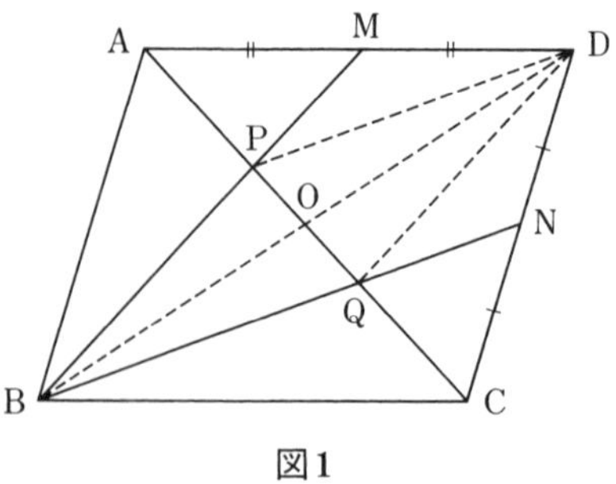

図1

結論とどう結びつくかを考える.

・解・　△AQD において P, M はそれぞれ辺 AQ, AD の中点であるから，中点連結定理により PM∥QD，したがって BP∥QD である．同様に△CPD において，Q, N はそれぞれ CP, CD の中点であるから QN∥PD，したがって BQ∥PD である．

よって四辺形 PBQD は平行四辺形である．

ゆえに AC, BD の交点を O とすれば

$$\mathrm{PO} = \mathrm{OQ}, \qquad \mathrm{BO} = \mathrm{OD}$$

である．AP = PQ = QC であるから，

$$\mathrm{AO} = \mathrm{AP}+\mathrm{PO} = 3\,\mathrm{PO},$$
$$\mathrm{CO} = \mathrm{CQ}+\mathrm{QO} = 3\,\mathrm{QO}$$

よって AO = CO，したがって AC, BD は互いに他を二等分するから，四辺形 ABCD は平行四辺形である．

・例題 2・　四辺形 ABCD において AC = BD とし，辺 AB, CD の中点を M, N とすれば，直線 MN が対角線 AC, BD となす角は等しい．

・着想・　辺 AB, CD の中点が M, N であるから，線分 AD

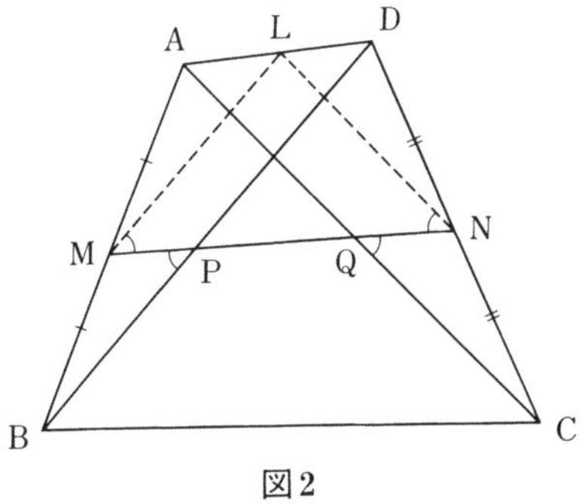

図2

(または線分 BC)の中点を L とすると，二つの三角形について中点連結定理が使える形ができる．そして同時に AC = BD にも関係がついてくる．

・**解**・　辺 AD の中点を L とする．

△ABD において M, L は辺 AB, AD の中点であるから

$$\mathrm{ML} /\!/ \mathrm{BD}, \qquad \mathrm{ML} = \frac{1}{2}\mathrm{BD}.$$

また △DAC において L, N は辺 DA, DC の中点であるから

$$\mathrm{LN} /\!/ \mathrm{AC}, \qquad \mathrm{LN} = \frac{1}{2}\mathrm{AC}.$$

BD = AC であるから上式より

$$\mathrm{ML} = \mathrm{LN}$$

よって

$$\angle \mathrm{LMN} = \angle \mathrm{LNM} \qquad (1)$$

MN と BD, AC の交点を P, Q とすれば ML // BD, LN // AC より

$$\angle \mathrm{BPM} = \angle \mathrm{LMN},$$

$$\angle \mathrm{CQN} = \angle \mathrm{LNM}$$

よって(1)より

$$\angle \mathrm{BPM} = \angle \mathrm{CQN}$$

すなわちMNがAC, BDとなす角は等しい．

・例題3・　△ABCの外側に二つの平行四辺形ABDE, ACFGを作り，線分DG, EFの中点をM, Nとすれば，MN∥BC，および $\mathrm{MN} = \dfrac{1}{2}\mathrm{BC}$ である．

・着想・　結論からみて中点連結定理が使えそうな形である．すなわちBM, CNの交点をPとすれば，M, NはそれぞれPB, PCの中点となるはずである．もしそうなれば当然，四辺形DBGP, CFPEは平行四辺形となるはずである．ここまで考えれば解答が見えてくる．

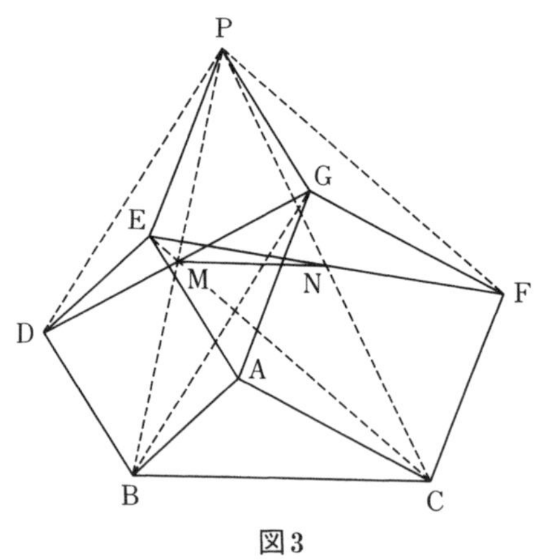

図3

・解・　AE, AGを2辺とする平行四辺形EAGPを作れば

$$\mathrm{GP} \parallel \mathrm{AE} \parallel \mathrm{BD},$$

$$\mathrm{GP} = \mathrm{AE} = \mathrm{BD}$$

であるから

$$GP /\!/ BD, \quad GP = BD$$

したがって四辺形DBGPは平行四辺形である．よってDG, BPは互いに他を二等分するからDGの中点MはBPの中点である．同様に

$$EP /\!/ AG /\!/ CF,$$
$$EP = AG = CF$$

から$EP /\!/ CF$, $EP = CF$であるから，四辺形CFPEは平行四辺形で，EFの中点NはCPの中点である．△PBCにおいてM, NはPB, PCの中点であるから中点連結定理により$MN /\!/ BC$, および$MN = \frac{1}{2}BC$である．

・例題4・　△ABCの外側に正方形ABDE, ACFGを作り，EGの中点をMとすれば，$MA \perp BC$，および$MA = \frac{1}{2}BC$である．

・着想・　MAの2倍の長さの線分を作って，それがBCに等しいことを証明する目的で，中点連結定理を利用する．EAの延長上にHを$EA = AH$にとれば$GH = 2MA$であるから$GH = BC$となるはずである．そうすると，△AGHと△ACB

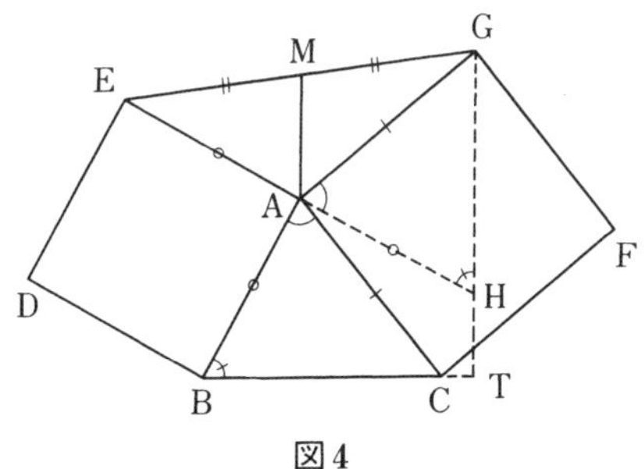

図4

は3辺が等しく合同となるはずである．これから証明のいとぐちが摑める．

・解・　線分EAの延長上に点Hを，EA = AHにとれば中点連結定理によりGH∥MA，GH = 2MAである．△AGH，△ACBにおいて

$$AG = AC,$$
$$AH = AE = AB,$$
$$\angle GAH = 2\angle R - \angle EAG = \angle BAC$$
$$(\because \quad \angle EAG + \angle BAC = 4\angle R - (\angle EAB + \angle GAC)$$
$$= 4\angle R - 2\angle R = 2\angle R)$$

であるから△AGH ≡ △ACB，よって

$$GH = BC \qquad (1)$$
$$\angle AHG = \angle ABC \qquad (2)$$

(1)より

$$BC = GH = 2\,MA.$$

GHとBCの交点をTとすると(2)より

$$\angle ABC + \angle AHT = 2\angle R,$$

したがって∠BAH＋∠BTH = 2∠R，∠BAH = ∠Rより

$$\angle BTH = \angle R$$

よって

$$GH \perp BC,$$

MA∥GHであるから

$$MA \perp BC$$

すなわち

$$MA \perp BC, \quad MA = \frac{1}{2}BC$$

である.

・例題5・　△ABC において AC = 2 AB とし，△ABC の外側に正方形 BCDE, ACFG, ABHK を作る．また△AGK の外側に正方形 KGLM を作れば，E, H, M は一直線上にある.

・着想・　三角形の上に正方形がたくさん描かれているので，前問の性質が利用できないかと考えて，AG, AC の中点を X, Y とすると，KX ⊥ MH, BY ⊥ HE がわかる．したがって M, H, E が一直線上にあれば KX // BY となるはずである．これから解法のいとぐちが摑める.

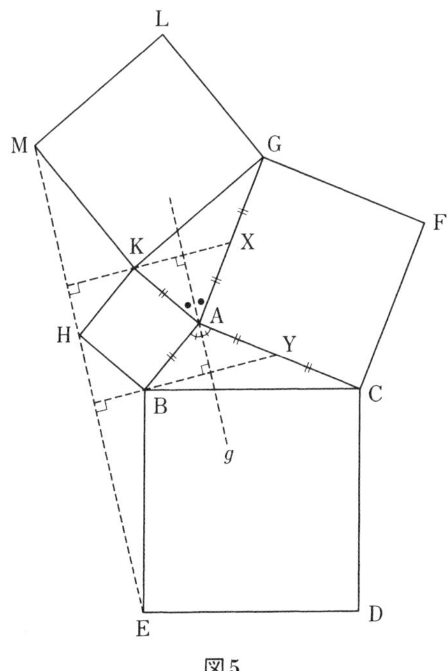

図5

・解・　AG, AC の中点を X, Y とすれば前問により

$$KX \perp HM, \quad BY \perp HE$$

である．また AC = 2 AB から

$$AK = AB = AY = AX$$

である．∠BAY の二等分線を g とすれば，∠KAB = ∠XAY (= ∠R) より g は ∠KAX も二等分する．

AB = AY, AK = AX であるから

$$g \perp BY \quad \text{および} \quad g \perp KX$$

したがって

$$BY /\!/ KX$$

HE ⊥ BY, HM ⊥ KX であるから HE, HM は一致し，E, H, M は一直線上にある．

・参考・　この問題は文政 9 年(1826)，江戸時代の数学者池田貞一が東京都(当時の江戸)麻布のある神社に奉掲した算額の問題で，文政 10 年発行の白石長忠の社盟算譜に掲載されている．もとの算額は現存しない．なお，この問題は 1989 年にカナダで発行された H. Fukagawa(深川英俊)，D. Pedoe 共著の『Japanese Temple Geometry Problems, San Gaku 算額』(邦訳：深川英俊，ダン・ペドー共著『日本の幾何，何題解けますか？』森光出版)にも載っている．本書にはこのほかにも多数の面白い図形の問題が納められている．

・例題 6・　五角形 $A_1A_2A_3A_4A_5$ の辺 A_1A_2, A_2A_3, A_3A_4, A_4A_5 の中点を M_1, M_2, M_3, M_4 とし，線分 M_1M_3, M_2M_4 の中点を P, Q とすれば PQ $/\!/$ A_1A_5，および PQ $= \dfrac{1}{4} A_1A_5$ である．

・着想・ $\quad PQ /\!/ A_1A_5, \quad PQ = \dfrac{1}{4} A_1A_5$

という性質は，中点連結定理を2度用いた結果のようにみえる．そこで A_1A_5 に平行でその半分の長さをもつ線分を作る目的で A_2A_5 の中点を N とすると

$$M_1N /\!/ A_1A_5, \quad M_1N = \frac{1}{2} A_1A_5$$

がわかる．あとは

$$PQ /\!/ M_1N, \quad PQ = \frac{1}{2} M_1N$$

を示せばよい．

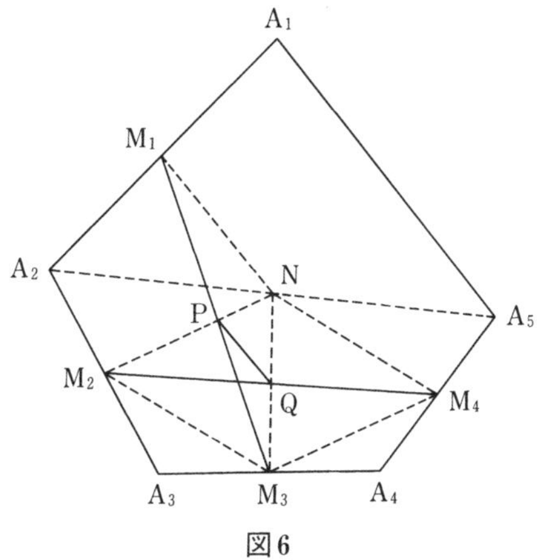

図6

・解・ A_2A_5 の中点を N とすれば中点連結定理により

$$M_1N /\!/ A_1A_5, \quad M_1N = \frac{1}{2} A_1A_5 \qquad (1)$$

である．四辺形 $A_2A_3A_4A_5$ において，$A_2A_3, A_3A_4, A_4A_5, A_5A_2$ の中点が M_2, M_3, M_4, N であるから，四辺形 $M_2M_3M_4N$ は平行

四辺形である．したがって M_2M_4, M_3N は互いに他を二等分するから M_2M_4 の中点Qは M_3N の中点である．$\triangle M_3M_1N$ において M_3M_1, M_3N の中点が P, Q であるから

$$PQ \parallel M_1N, \qquad PQ = \frac{1}{2} M_1N \qquad (2)$$

(1), (2) から $PQ \parallel A_1A_5$, および $PQ = \frac{1}{4} A_1A_5$ がいえる．

・例題 7・ 平行四辺形 ABCD 内に点 P, Q, R, S を，P は線分 AQ の中点，Q は線分 BR の中点，R は線分 CS の中点，S は線分 DP の中点であるようにとれば，四辺形 PQRS は平行四辺形である．

・着想・ もとの平行四辺形との関係をみつけるために直線 QS と AD, BC との交点を X, Y とする．AX の中点を M とすると中点連結定理が使えて $PM \parallel QX$, $MX = XD$ がいえて $AX = 2\,XD$ がわかる．同様に $CY = 2\,BY$ がいえて証明のいとぐちがほぐれてくる．

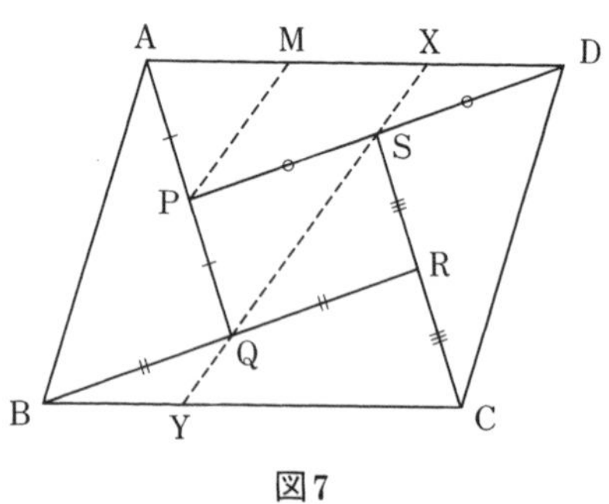

図7

・解・ 直線 QS と AD, BC との交点を X, Y とし，AX の中点を M とする．$\triangle AQX$ において P, M は辺 AQ, AX の中点で

あるから

$$\mathrm{PM} /\!/ \mathrm{QX}, \qquad \mathrm{QX} = 2\,\mathrm{PM}.$$

△DPM において S は DP の中点で SX∥PM であるから

$$\mathrm{MX} = \mathrm{XD}, \qquad \mathrm{PM} = 2\,\mathrm{SX}$$

したがって

$$\mathrm{AM} = \mathrm{MX} = \mathrm{XD},$$

$$\mathrm{QX} = 2\,\mathrm{PM} = 4\,\mathrm{SX}$$

よって

$$\mathrm{XD} = \frac{1}{3}\mathrm{AD}, \qquad \mathrm{SX} = \frac{1}{3}\mathrm{QS}$$

である．同様に Y についても

$$\mathrm{BY} = \frac{1}{3}\mathrm{BC}, \qquad \mathrm{QY} = \frac{1}{3}\mathrm{QS}$$

がいえる．AD = BC であるから

$$\mathrm{DX} = \mathrm{BY}, \text{ また } \mathrm{XS} = \mathrm{YQ}.$$

また，AD∥BC であるから

$$\angle\mathrm{DXS} = \angle\mathrm{BYQ}$$

したがって

$$\triangle\mathrm{DXS} \equiv \triangle\mathrm{BYQ}$$

よって DS = BQ，および

$$\angle\mathrm{DSX} = \angle\mathrm{BQY}$$

ゆえに

$$\mathrm{PS} = \mathrm{DS} = \mathrm{BQ} = \mathrm{QR},$$

$$\angle\mathrm{PSQ} = \angle\mathrm{DSX} = \angle\mathrm{BQY} = \angle\mathrm{RQS},$$

これから PS∥QR がいえるから，PS = QR とあわせて，四辺形 PQRS が平行四辺形であることがわかる．

・参考・　このような4点P, Q, R, Sはどのようにして求められるだろうか．四辺形PQRSは平行四辺形であるからDP//BQ，これとPがAQの中点であることから，直線DPはABの中点を通る．同様にAQはBCの中点を通り，BRはCDの中点を通り，CSはADの中点を通る．A, B, C, Dとそれぞれ辺BC, CD, DA, ABの中点を結ぶ直線をひき，それらの二つずつの交点としてP, Q, R, Sが定められる．

・問題・　例題1において対角線BDをひく代わりに，直線DQと辺BCとの交点SがBCの中点であることを用いて解け．

4 等積問題

ここでは三角形や四角形の面積の相等について考える．最初に基本的な定理をあげる．

・定理 1・　底辺とそれに対する高さの等しい二つの三角形の面積は相等しい．

・定理 2・　台形 ABCD において AD∥BC とすれば，△ABC ＝ △DBC である．

また AC, BD の交点を O とすれば △OAB ＝ △OCD である．

・定理 3・　一直線上の 4 点を A, B, C, D としこの直線外の 1 点を P とする．このとき AB ＝ CD ならば△PAB ＝ △PCD である．

・定理 4・　△ABC の辺 BC の中点を M とし，直線 AM 上の点を P とすれば △ABP ＝ △ACP である．（∵ B, C から AM への垂線の足を X，Y とすれば，BX ＝ CY だから．）

・例題 1・　平行四辺形 ABCD の辺 AD, CD 上の点を E, F と

し，直線 EF が辺 AB, BC の延長と交わる点を P, Q とすれば

$$\triangle DPQ = \triangle BEF$$

である．

・着想・　（1）　$\triangle$ DPQ を $\triangle$DPE, $\triangle$DEF, $\triangle$DFQ の和と考え，$\triangle$BEF をこれらにそれぞれ等しい三つの部分に分割することを考える．

まず $\triangle$BEF から $\triangle$DEF に等しい部分を切り取るために，E, F を通ってそれぞれ DF, DE に平行な直線をひき，その交点を S とする．そして $\triangle$BES と $\triangle$BFS の等積移動を考える．

（2）　別の着想として $\triangle$BEF に $\triangle$DEF を加えた図形，すなわち四辺形 BFDE を考えると，これは対角線 BD によって，$\triangle$BDE と $\triangle$BDF の和に分解され，それらは容易に等積移動されることがわかる．

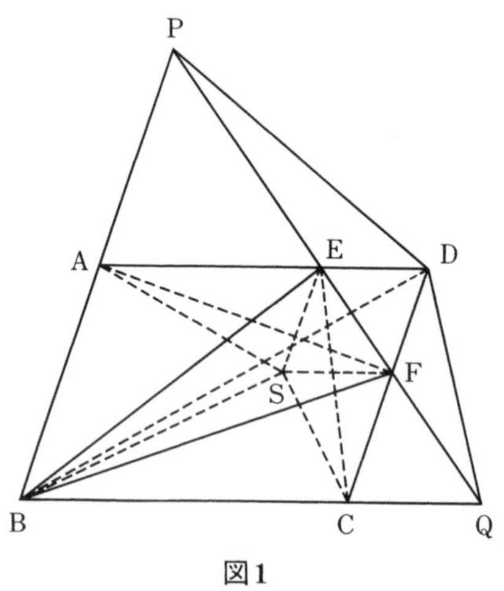

図1

・解1・　E, F を通りそれぞれ DF, DE に平行な直線をひき，その交点を S とすれば，四辺形 DESF は平行四辺形であるか

ら

$$\triangle DEF = \triangle SFE \qquad (1)$$

DF∥PA であるから定理 2 より

$$\triangle DEP = \triangle FEA.$$

また FS∥EA より

$$\triangle FEA = \triangle SEA.$$

また ES∥DF∥AB より ES∥AB であるから

$$\triangle SEA = \triangle SEB$$

よって

$$\triangle DEP = \triangle SEB \qquad (2)$$

同様に

$$\triangle DFQ = \triangle EFC = \triangle SFC = \triangle SFB$$

であるから

$$\triangle DFQ = \triangle SFB \qquad (3)$$

(1)＋(2)＋(3) から

$$\triangle DPQ = \triangle BEF.$$

・解 2・　B, D を結ぶと，DF∥PB より

$$\triangle DPF = \triangle DBF \qquad (4)$$

また ED∥BQ より

$$\triangle DEQ = \triangle DEB \qquad (5)$$

(4)＋(5) より

$$\triangle DPF + \triangle DEQ = \triangle DBF + \triangle DEB$$

すなわち

$$\triangle DPQ + \triangle DEF = \triangle BEF + \triangle DEF$$

よって

$$\triangle DPQ = \triangle BEF.$$

・例題 2・　△ABC の辺 AB, AC 上の点を D, E とし，D, E を通りそれぞれ BE, CD に平行にひいた直線と AE, AD との交点を G, F とすれば，FG // BC である．

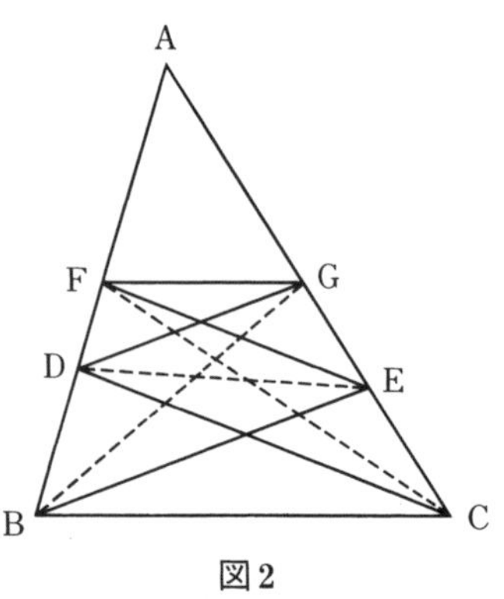

図 2

・着想・　FG // BC ならば △FBC = △GBC．逆に △FBC = △GBC ならば FG // BC がいえるから，△FBC = △GBC がいえればよい．△FBC を二つに分けて △FDC + △DBC とすると △FDC は △EDC に等積移動されて，解法のいとぐちが掴める．

・解・　FE // DC であるから

$$\triangle \mathrm{FDC} = \triangle \mathrm{EDC}$$

よって

$$\begin{aligned}\triangle \mathrm{FBC} &= \triangle \mathrm{FDC} + \triangle \mathrm{DBC} \\ &= \triangle \mathrm{EDC} + \triangle \mathrm{DBC} \\ &= \text{四辺形 DBCE}\end{aligned}$$

また DG // BE であるから

$$\triangle \mathrm{GBE} = \triangle \mathrm{DBE}$$

よって

$$
\begin{aligned}
\triangle GBC &= \triangle GBE + \triangle EBC \\
&= \triangle DBE + \triangle EBC \\
&= 四辺形\,DBCE
\end{aligned}
$$

よって

$$\triangle FBC = \triangle GBC$$

ゆえに FG∥BC である．

・例題 3・　四角形 ABCD の対角線 AC, BD の中点 M, N を結ぶ直線が辺 AB と交わる点を P とすれば，△PCD の面積は四角形 ABCD の面積の半分である．

・着想・　図の場合 N は M と P の間にあって，△PCD は △NCD, △NDP, △NCP の和に分割される．

△NCD の面積は △BCD の面積の半分であるから，△NDP ＋△NCP の面積が△ABD の面積の半分であることがいえればよい．

・解・　図において N は△PCD の内部の点であるから

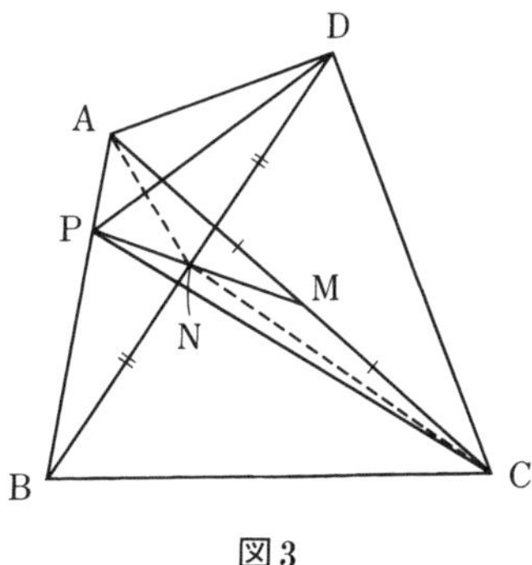

図 3

$$\triangle PCD = \triangle NCD + \triangle NDP + \triangle NCP$$

N は BD の中点であるから

$$\triangle NCD = \frac{1}{2}\triangle BCD$$

また

$$\triangle NDP = \triangle NBP.$$

△PAC において M は AC の中点で，N は PM 上の点であるから定理 4 により

$$\triangle NCP = \triangle NAP$$

よって

$$\begin{aligned}\triangle NDP + \triangle NCP &= \triangle NBP + \triangle NAP\\ &= \triangle ABN\\ &= \frac{1}{2}\triangle ABD\end{aligned}$$

したがって

$$\begin{aligned}\triangle PCD &= \frac{1}{2}\triangle BCD + \frac{1}{2}\triangle ABD\\ &= \frac{1}{2}(\text{四角形 } ABCD)\end{aligned}$$

・例題 4・　四角形 ABCD の辺 AD の中点を M とすれば

$$\triangle ABC + \triangle DBC = 2\triangle MBC$$

である．

・着想・　(1)　三つの三角形は底辺が同じであるから，高さについて同様な関係があることを示せばよい．すなわち A, D, M から BC への垂線の足を A′, D′, M′ としたとき $AA' + DD' = 2MM'$ がいえればよい．

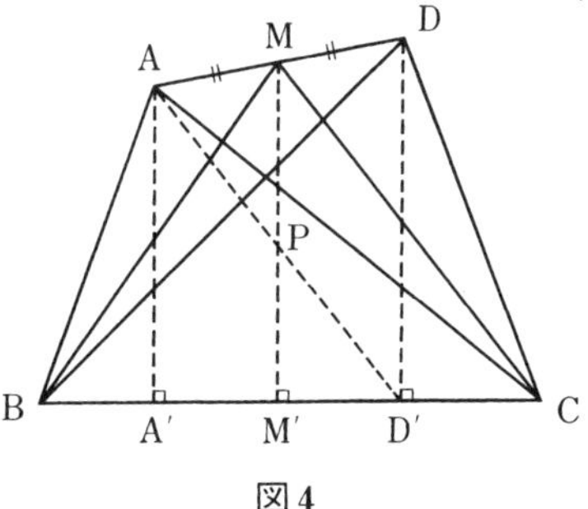

図4

（2） 別の着想として証明すべき式を

$$\triangle ABC - \triangle MBC = \triangle MBC - \triangle DBC$$

と変形すると $\triangle ABC - \triangle MBC = \triangle ABM - \triangle ACM$ で，この右辺は等積変形が可能である．

・解1・　A, D, M から BC への垂線の足を　A′, D′, M′とし，AD′ と MM′ との交点を P とすれば，AA′∥MM′∥DD′ から P は AD′ の中点で

$$AA' = 2\,PM', \qquad DD' = 2\,MP$$

であることがわかる．よって

$$\begin{aligned} AA' + DD' &= 2\,PM' + 2\,MP \\ &= 2(PM' + MP) = 2\,MM' \end{aligned}$$

両辺に $\dfrac{1}{2}$ BC を掛け

$$\triangle ABC + \triangle DBC = 2\,\triangle MBC.$$

・解2・

$$\begin{aligned} \triangle ABC - \triangle MBC &= \triangle ABM - \triangle ACM \\ &= \triangle BDM - \triangle DCM \\ &= \triangle MBC - \triangle DBC \end{aligned}$$

 よって

$$\triangle ABC + \triangle DBC = 2\triangle MBC.$$

・例題 5・　四角形 ABCD の対角線 AC, BD の交点を O とする．また AC, BD の中点 M, N を通り，それぞれ BD, AC に平行にひいた直線の交点を P とすれば，

$$\triangle OAB + \triangle OCD = 2\triangle PBC$$

である．

・着想・　(1)　△OAB と等積な三角形を BC の上に作る目的で AC 上に点 X を CX = AO にとれば，△OAB = △XBC である．同様に BD 上に Y を BY = DO にとれば，△OCD = △YBC である．ここまで来ればゴールは目前である．

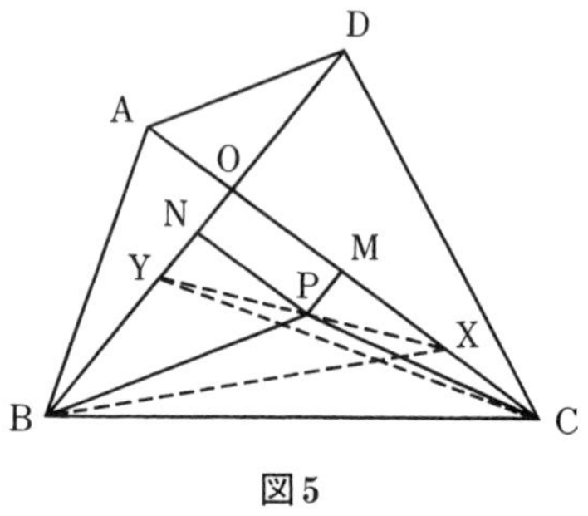

図 5

(2)　△PBC の面積について考える．四辺形 ONPM は平行四辺形であるから，OP, MN の中点は同じ点 L である．例題 4 により

$$\triangle OBC + \triangle PBC = 2\triangle LBC,$$

$$\triangle NBC + \triangle MBC = 2\triangle LBC$$

これから

$$\triangle \mathrm{OBC} + \triangle \mathrm{PBC} = \triangle \mathrm{NBC} + \triangle \mathrm{MBC}$$

であることがわかり解法のいとぐちが摑める．

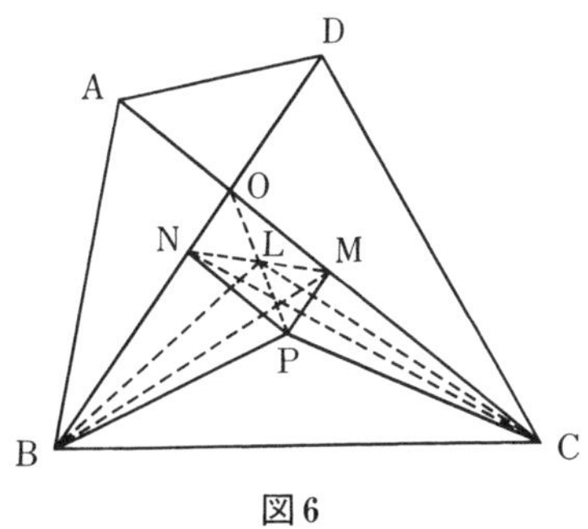

図6

・解1・　対角線 AC, BD 上にそれぞれ点 X, Y を

$$\mathrm{CX} = \mathrm{AO}, \quad \mathrm{BY} = \mathrm{DO}$$

にとれば，定理3により

$$\triangle \mathrm{OAB} = \triangle \mathrm{XBC}, \quad \triangle \mathrm{OCD} = \triangle \mathrm{YBC}$$

M は AC の中点で AO = CX から，OM = MX で M は OX の中点であり，同様に N は OY の中点である．したがって MP ∥ OY，NP ∥ OX から MP, NP はともに XY の中点を通る．よって P は XY の中点である．

例題4により

$$\triangle \mathrm{XBC} + \triangle \mathrm{YBC} = 2\triangle \mathrm{PBC}$$

したがって

$$\triangle \mathrm{OAB} + \triangle \mathrm{OCD} = 2\triangle \mathrm{PBC}$$

・解2・　OP, MN の交点を L とすれば四辺形 ONPM は平行四辺形であるから L は OP, MN の共通の中点である．よって例題4により

$$\triangle \mathrm{OBC} + \triangle \mathrm{PBC} = 2\triangle \mathrm{LBC},$$

$$\triangle \mathrm{MBC}+\triangle \mathrm{NBC}=2\triangle \mathrm{LBC}$$

よって

$$\triangle \mathrm{OBC}+\triangle \mathrm{PBC}=\triangle \mathrm{MBC}+\triangle \mathrm{NBC}$$

両辺を2倍して

$$\begin{aligned}2\triangle \mathrm{OBC}+2\triangle \mathrm{PBC}&=2\triangle \mathrm{MBC}+2\triangle \mathrm{NBC}\\&=\triangle \mathrm{ABC}+\triangle \mathrm{DBC}\\&=\triangle \mathrm{OAB}+\triangle \mathrm{OCD}+2\triangle \mathrm{OBC}\end{aligned}$$

両辺から $2\triangle \mathrm{OBC}$ を減じて

$$2\triangle \mathrm{PBC}=\triangle \mathrm{OAB}+\triangle \mathrm{OCD}.$$

・例題6・　四角形ABCDの辺AD, BCの中点をM, Nとし，AN, BM；CM, DN の交点を P, Q とすれば，四角形 MPNQ の面積は△PAB，△QCDの面積の和に等しい．

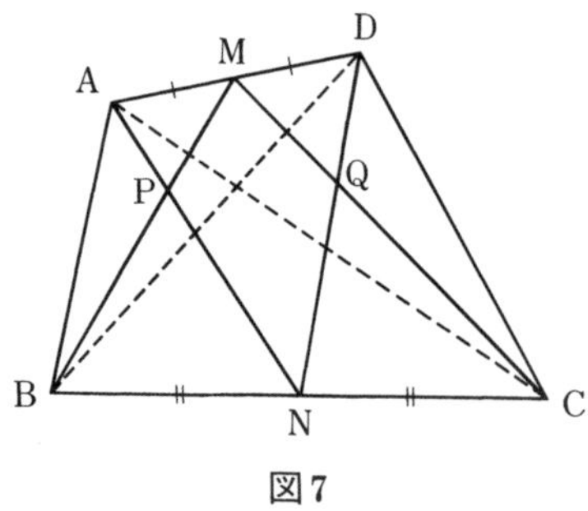

図7

・着想・　四角形 MPNQ ＝ △PAB＋△QCD の両辺に△PBN＋△QNC を加えたもの，すなわち

$$\triangle \mathrm{MBC}=\triangle \mathrm{ABN}+\triangle \mathrm{DNC}$$

が証明できればよい．

・解・　N は BC の中点であるから，

$$\triangle ABN = \triangle ANC, \qquad \triangle DNC = \triangle DBN$$

よって例題4により

$$2\triangle MBC = \triangle ABC + \triangle DBC$$
$$= 2\triangle ABN + 2\triangle DNC$$

したがって

$$\triangle MBC = \triangle ABN + \triangle DNC$$

両辺から共通部分の $\triangle PBN$ と $\triangle QNC$ を減じて,

$$\text{四角形}\, MPNQ = \triangle PAB + \triangle QCD$$

がいえる.

・附言・ 例題4を2度用いて

$$\triangle MBC + \triangle NAD = \text{四角形}\, ABCD$$

がいえる. またこれを用いて例題6を解くこともできる.

・例題7・ 平行四辺形ABCDの辺CD上の点Eを通って対角線BDに平行にひいた直線と辺ADの延長との交点をFとし, 直線AEと辺BCの延長との交点をPとすれば, 四角形DEPFの面積は平行四辺形ABCDの面積の半分に等しい.

・着想・ 平行四辺形ABCDの面積の半分は△ABDの面積に等しいから, △ABD = 四角形DEPFがいえればよい.

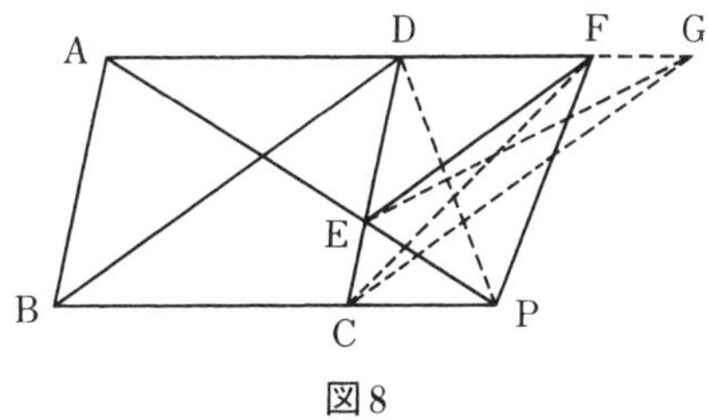

図8

$\triangle$ABD を$\triangle$APD に等積移動すれば，$\triangle$DEP の部分が共通だから$\triangle$ADE $=$ $\triangle$DPF がいえればよい．

・解・　直線 AD 上に G を CG$/\!/$EF$/\!/$BD にとれば四辺形 DBCG は平行四辺形だから

$$\mathrm{DG} = \mathrm{BC} = \mathrm{AD}$$

である．よって

$$\triangle \mathrm{DEG} = \triangle \mathrm{ADE}$$

である．

　また EF$/\!/$CG から

$$\triangle \mathrm{EFG} = \triangle \mathrm{EFC}$$

$$\begin{aligned} \therefore \quad \triangle \mathrm{DEG} &= \triangle \mathrm{DEF} + \triangle \mathrm{EFG} \\ &= \triangle \mathrm{DEF} + \triangle \mathrm{EFC} \\ &= \triangle \mathrm{DCF} = \triangle \mathrm{DPF}, \end{aligned}$$

よって

$$\triangle \mathrm{DPF} = \triangle \mathrm{ADE},$$

両辺に $\triangle$DEP を加えて，

$$\begin{aligned} \text{四角形 DEPF} &= \triangle \mathrm{APD} \\ &= \triangle \mathrm{ABD} \\ &= \text{四辺形 ABCD} \times \frac{1}{2} \end{aligned}$$

である．

5 ピタゴラスの定理と中線定理

ピタゴラスの定理(三平方の定理)については説明を省き，その他の重要な定理について述べる．

・定理1・ 直線 AB 上の点を P，線分 AB の中点を M とすれば

（i） $AP^2+BP^2=2(AM^2+PM^2)$

（ii） AP > BP とすれば

$$AP^2-BP^2=2\,AB\cdot MP$$

・証明・ P が線分 MB 上にある場合について証明する．他の場合についての証明も同様である．

$$AM=MB=a, \quad MP=x$$

とおけば

$$AP=a+x, \quad BP=a-x$$

（i）
$$\begin{aligned} AP^2+BP^2 &= (a+x)^2+(a-x)^2 \\ &= 2(a^2+x^2) \\ &= 2(AM^2+PM^2) \end{aligned}$$

(ii)
$$AP^2-BP^2=(a+x)^2-(a-x)^2$$
$$=4ax$$
$$=2\,AB\cdot MP$$

・定理 2・　△ABC において AB > AC とし，A から BC への垂線の足を D，辺 BC の中点を M とすれば

$$AB^2-AC^2=2\,BC\cdot MD$$

である．

・証明・　定理 1 の(ii)を用いて

$$AB^2-AC^2=(AD^2+BD^2)-(AD^2+CD^2)$$
$$=BD^2-CD^2=2BC\cdot MD$$

・定理 3・　△ABC の辺 BC の中点を M とすれば

$$AB^2+AC^2=2(AM^2+BM^2)$$

である．(これは中線定理またはパップスの定理とよばれる．)

・証明・　定理 1 の(i)を用いる．A から BC への垂線の足を D とすれば

$$AB^2+AC^2=(AD^2+BD^2)+(AD^2+CD^2)$$
$$=2\,AD^2+(BD^2+CD^2)$$
$$=2\,AD^2+2(BM^2+DM^2)$$
$$=2(AD^2+DM^2)+2\,BM^2$$
$$=2\,AM^2+2\,BM^2$$

・注意・　A, B, C が共線の場合が定理 1 の(i)である．

・例題 1・　△ABC において AB = AC とし辺 BC 上の点を P とすれば $AB^2=AP^2+BP\cdot PC$ である．

・着想・　$AB^2-AP^2 = BP\cdot PC$ を証明しようと考え，左辺の変形のためにAからBCに垂線をひく．

・解・　AからBCへの垂線の足をMとすれば，$AB = AC$ であるから，MはBCの中点である．

$$\begin{aligned} AB^2-AP^2 &= (AM^2+BM^2)-(AM^2+MP^2) \\ &= BM^2-MP^2 \\ &= (BM+MP)(BM-MP) \end{aligned}$$

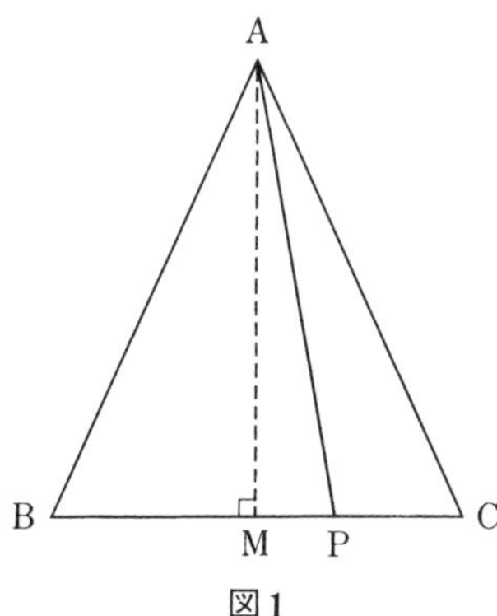

図1

PがM, Cの間にあれば

$$BM+MP = BP,$$
$$BM-MP = MC-MP = PC$$

同様にPがB, Mの間にあれば

$$BM+MP = PC,$$
$$BM-MP = BP$$

がいえるから

$$(BM+MP)(BM-MP) = BP\cdot PC$$

である．よって

$$AB^2 - AP^2 = BP \cdot PC$$

すなわち

$$AB^2 = AP^2 + BP \cdot PC.$$

・注意・　P が辺 BC の延長上の点ならば

$$AP^2 = AB^2 + BP \cdot PC$$

である.

・例題 2・　直角二等辺三角形 ABC の斜辺 BC 上の点を P とすれば $BP^2 + CP^2 = 2\,AP^2$ である.

・着想・　(1)　左辺の変形に定理 1 の(i)を利用する.

(2)　BP, CP の長さを直角を夾む 2 辺にもつ直角三角形を作り，その斜辺の長さと AP の比が $\sqrt{2}:1$ であることを示す.

(3)　$\frac{1}{2}BP^2 + \frac{1}{2}CP^2 = AP^2$ を証明しようと考え，左辺の変形のために P から AB, AC に垂線をひく.

・解 1・　BC の中点を M とすれば,

$$AM \perp BC, \qquad AM = BM$$

である. 定理 1 の(i)により

$$\begin{aligned} BP^2 + CP^2 &= 2(BM^2 + PM^2) \\ &= 2(AM^2 + PM^2) \\ &= 2\,AP^2 \end{aligned}$$

・解 2・　C において BC に垂線をひき，この垂線上に BC に関して A と同側に点 Q を CQ = BP にとる.

△ACQ と △ABP において

$$AC = AB, \qquad CQ = BP,$$

$$\angle ACQ = \angle BCQ - \angle BCA = 90^\circ - 45^\circ = \angle ABP$$

より

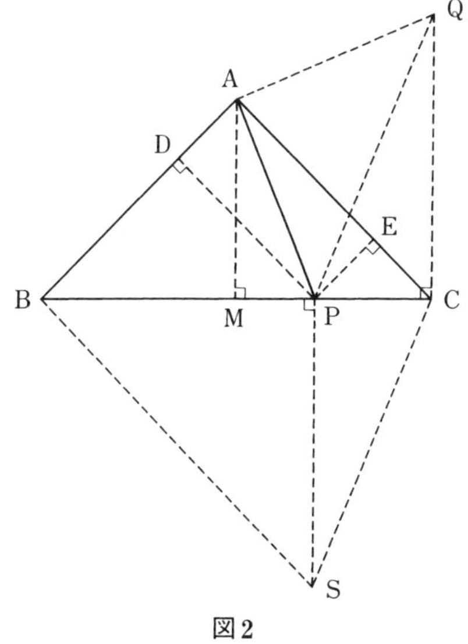

図 2

$$\triangle ACQ \equiv \triangle ABP$$

$$\therefore \quad AQ = AP, \qquad \angle CAQ = \angle BAP$$

よって

$$\angle PAQ = \angle BAC = \angle R$$

ゆえに

$$\begin{aligned} BP^2 + CP^2 &= CQ^2 + CP^2 \\ &= PQ^2 = AP^2 + AQ^2 \\ &= 2\,AP^2 \end{aligned}$$

である．

・解 3・　P において BC に立てた垂線上に，BC に関して A と反対側に点 S を PS = BP にとれば

$$BP^2 + CP^2 = PS^2 + CP^2 = CS^2$$

である．

$\triangle$ABC, $\triangle$PBS は直角二等辺三角形であるから

$$\angle \mathrm{ABP} = \angle \mathrm{CBS}\ (= 45°),$$

$$\mathrm{AB} : \mathrm{BP} = \sqrt{2}\,\mathrm{AB} : \sqrt{2}\,\mathrm{BP} = \mathrm{BC} : \mathrm{BS}$$

よって

$$\triangle \mathrm{ABP} \backsim \triangle \mathrm{CBS}$$

$$\therefore\quad \mathrm{AP} : \mathrm{CS} = \mathrm{AB} : \mathrm{BC} = 1 : \sqrt{2}$$

よって $\mathrm{CS} = \sqrt{2}\,\mathrm{AP}$, したがって

$$\mathrm{BP}^2 + \mathrm{CP}^2 = \mathrm{CS}^2 = 2\,\mathrm{AP}^2$$

・解 4・　P から AB, AC への垂線の足を D, E とすれば, $\triangle$DBP, $\triangle$EPC は直角二等辺であるから

$$\mathrm{BP}^2 = 2\,\mathrm{DP}^2, \qquad \mathrm{CP}^2 = 2\,\mathrm{EP}^2$$

四辺形 ADPE は長方形であるから EP = AD である.

$$\mathrm{DP}^2 + \mathrm{EP}^2 = \mathrm{DP}^2 + \mathrm{AD}^2 = \mathrm{AP}^2.$$

よって

$$\mathrm{BP}^2 + \mathrm{CP}^2 = 2(\mathrm{DP}^2 + \mathrm{EP}^2) = 2\,\mathrm{AP}^2.$$

である.

・例題 3・　直角二等辺三角形 ABC の斜辺 BC 上に点 P を BP = AB にとれば $\mathrm{AP}^2 = \mathrm{BC}\cdot\mathrm{PC}$ である.

・着想・　例題 1 により

$$\mathrm{AP}^2 = \mathrm{AB}^2 - \mathrm{BP}\cdot\mathrm{PC}$$

であるから AP^2 は AB, BC を用いて計算できる.

・解・　$\mathrm{AB} = \mathrm{AC} = a$ とすれば $\mathrm{BC} = \sqrt{2}\,a$ である.

またBP = AB = a であるから

$$\mathrm{PC} = \mathrm{BC} - \mathrm{BP} = \sqrt{2}\,a - a,$$

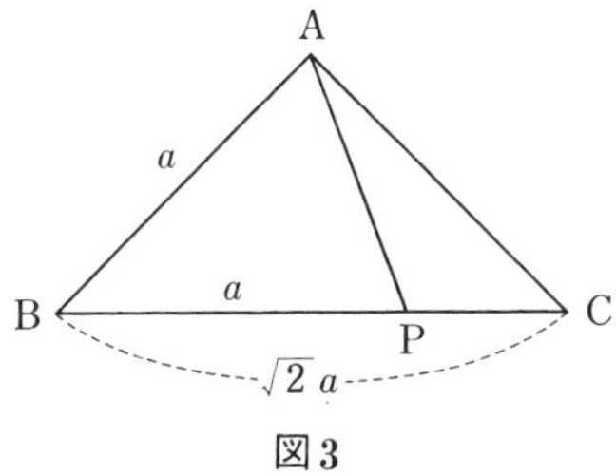

図3

よって例題1により

$$
\begin{aligned}
AP^2 &= AB^2 - BP\cdot PC \\
&= a^2 - a(\sqrt{2}a - a) \\
&= 2a^2 - \sqrt{2}a^2 = \sqrt{2}a(\sqrt{2}a - a) \\
&= BC\cdot PC
\end{aligned}
$$

・研究・　AB = AC の一般の二等辺三角形 ABC の辺 BC 上の点を P とするとき $AP^2 = BC\cdot PC$ ならば P はどんな点であろうか．これを研究する．A, B を通って，それぞれ BC, AC に平行な直線をひき，その交点を Q とすれば四辺形 AQBC は平行四辺形であるから QA = BC である．$AP^2 = BC\cdot PC$ の関係

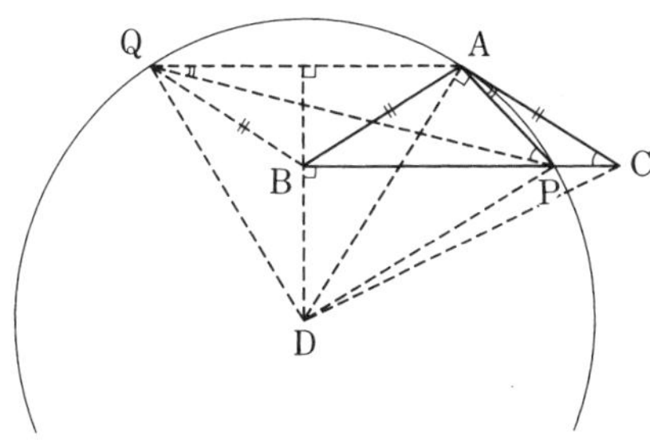

図4

を比例式に書きかえて

$$\mathrm{AP : PC = BC : AP = QA : AP}$$

これと $\angle \mathrm{QAP} = \angle \mathrm{APC}$ から

$$\triangle \mathrm{AQP} \backsim \triangle \mathrm{PAC}$$

よって

$$\angle \mathrm{APQ} = \angle \mathrm{PCA} = \text{一定}$$

で円 APQ が定まるから P が求められる．

なお $\triangle \mathrm{AQP} \backsim \triangle \mathrm{PAC}$ から

$$\angle \mathrm{AQP} = \angle \mathrm{PAC}$$

であるから円 APQ は AC に接する．すなわち A, Q を通り A において AC に接する円を描き，それと BC との交点として P が決定されるわけである．点 P の求め方は判ったが，さらに研究を進める．円 APQ の中心を D とすれば

$$\mathrm{DP = DA = DQ},$$

また

$$\mathrm{BA = CA = BQ}$$

であるから，$\triangle \mathrm{BAD}$ と $\triangle \mathrm{BQD}$ は 3 辺が等しく合同である．よって $\angle \mathrm{ADB} = \angle \mathrm{QDB}$ であるから $\mathrm{DB} \perp \mathrm{AQ}$，これと $\mathrm{QA} /\!/ \mathrm{BC}$ から $\mathrm{DB} \perp \mathrm{BC}$ である．また AC は円 D の接線であるから $\mathrm{DA} \perp \mathrm{AC}$ である．

$$\angle \mathrm{DBC} = \angle \mathrm{DAC} = \angle R$$

であるから A, B, C, D は共円で CD は円 ABC の直径である．

これから P を次のようにして求めることができる．円 ABC の C を通る直径を CD とし，D を中心とし半径 DA の円を描き，これと BC との交点を P とすればよい．

以上の研究から次問を得る．これは例題 3 の拡張である．

・例題 4・ △ABC において AB = AC とし，△ABC の外接円の C を通る直径を CD とする．辺 BC 上に点 P を DP = DA であるようにとれば $AP^2 = BC \cdot PC$ である．

・解・ 研究とは別の解法を示そう．CD は直径であるから

$$\angle DBC = \angle DAC = \angle R$$

である．よって

$$\begin{aligned} AC^2 &= DC^2 - DA^2 = DC^2 - DP^2 \\ &= BC^2 - BP^2 = (BC + BP)(BC - BP) \\ &= (BC + BP) \cdot PC \end{aligned}$$

例題 1 により (AB = AC だから)

$$AC^2 = AP^2 + BP \cdot PC$$

したがって

$$\begin{aligned} AP^2 &= AC^2 - BP \cdot PC = (BC + BP) \cdot PC - BP \cdot PC \\ &= BC \cdot PC \end{aligned}$$

・注意・ P は辺 BC の延長上の点でもよい．

・例題 5・ 四辺形 ABCD の対角線 AC, BD の中点を M, N とすれば

$$AB^2 + BC^2 + CD^2 + DA^2 = AC^2 + BD^2 + 4\,MN^2$$

である．

・着想・ 左辺の式は中線定理が使える形をしている．

・解・ 中線定理により

$$\begin{aligned} AB^2 + BC^2 + CD^2 + DA^2 &= 2(AM^2 + BM^2) + 2(AM^2 + DM^2) \\ &= 4\,AM^2 + 2(BM^2 + DM^2) \\ &= AC^2 + 4(MN^2 + BN^2) \\ &= AC^2 + BD^2 + 4\,MN^2 \end{aligned}$$

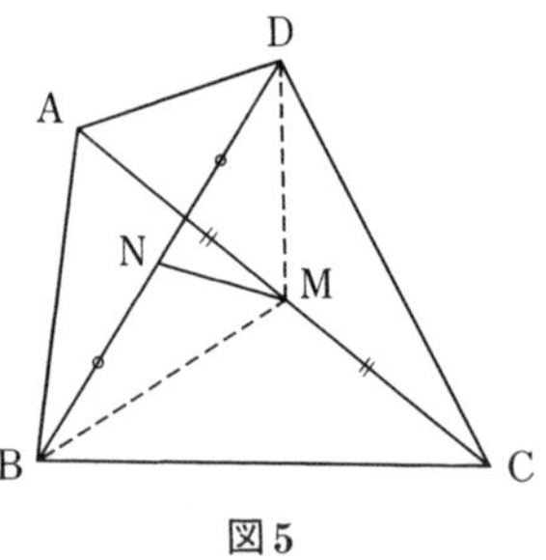

図5

・注意・　例題5から一般に

$$AB^2+BC^2+CD^2+DA^2 \geqq AC^2+BD^2$$

で等号はM, Nが一致するとき，すなわち四辺形が平行四辺形の場合に限ることがわかる．

・例題6・　△ABCの辺BCの両側に二つの正三角形DBC, EBCを作れば

$$AD^2+AE^2=AB^2+AC^2+BC^2$$

である．

・着想・　中線定理を用いる．

・解・　四辺形BDCEは菱形であるからBC, DEの交点MはBC, DEの中点である．また△DBCは正三角形であるから$DM=\sqrt{3}\,BM$である．中線定理により

$$\begin{aligned} AD^2+AE^2 &= 2(AM^2+DM^2) \\ &= 2\,AM^2+2(\sqrt{3}\,BM)^2 \\ &= 2\,AM^2+6\,BM^2 \\ &= 2\,AM^2+2\,BM^2+BC^2 \\ &= AB^2+AC^2+BC^2 \end{aligned}$$

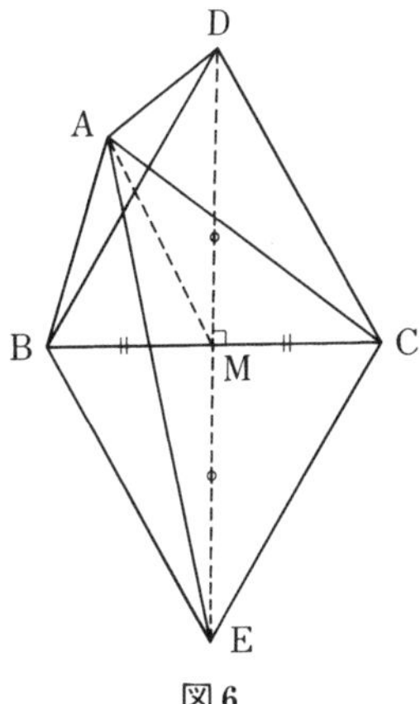

図6

・**例題7**・　円Oに内接する四辺形ABCDの弦AB, CDの中点をM, Nとし，OからMNにひいた垂線上の点をPとすれば，

$$PA^2+PB^2=PC^2+PD^2$$

である．

・**着想**・　中線定理を用いて両辺を変形する．

$$PM^2+AM^2=PN^2+DN^2$$

がいえればよいが，これを差の形に直して

$$PM^2-PN^2=DN^2-AM^2$$

とすると変形がうまくいく．

・**解**・　M, NはAB, CDの中点であるから中線定理により

$$PA^2+PB^2-(PC^2+PD^2)=2(PM^2+AM^2-PN^2-DN^2) \tag{1}$$

OPとMNとの交点をTとすれば，PT⊥MNであるから

$$PM^2-PN^2=TM^2-TN^2$$

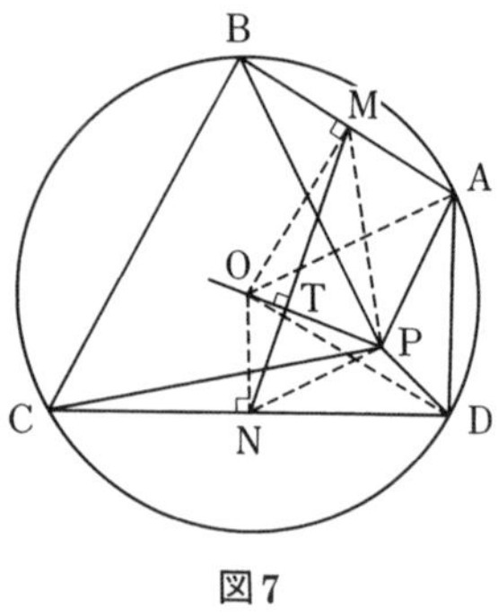

図7

また OT⊥MN であるから

$$OM^2-ON^2 = TM^2-TN^2$$

$$\therefore \quad PM^2-PN^2 = OM^2-ON^2$$

OM⊥AB, ON⊥CD であるから

$$OM^2 = OA^2-AM^2, \qquad ON^2 = OD^2-DN^2$$

また OA = OD であるから

$$OM^2-ON^2 = DN^2-AM^2$$

したがって

$$PM^2-PN^2 = DN^2-AM^2$$

$$\therefore \quad PM^2+AM^2 = PN^2+DN^2$$

これから(1)の右辺が 0 であることがわかり,

$$PA^2+PB^2 = PC^2+PD^2$$

が証明される.

・注意・　これは例題 2 の拡張で, CD が直径で A, B が半円弧 CD の中点に重なる場合が例題 2 にあたる.

6 円の問題

円に関する定理はいろいろある．例えば「円の中心から弦に引いた垂線はその弦を2等分する」とか,「円周角は同じ弧に対する中心角の半分に等しい」などである．このような基本的な円の性質は既知として扱う．

・例題1・　円に内接する六角形ABCDEFの一つおきの内角の和は$4\angle R$である．

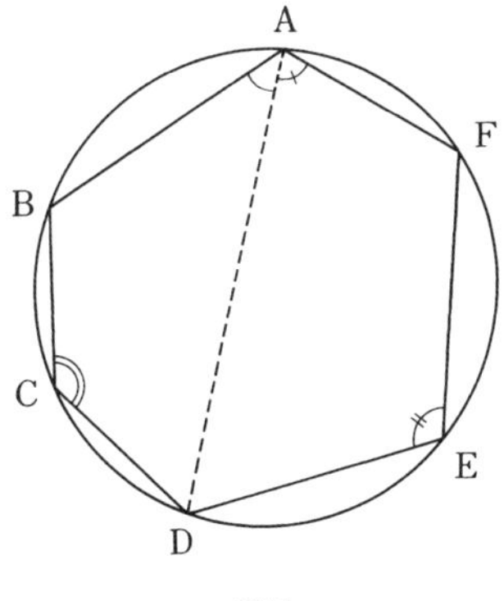

図1

・着想・ $\angle C + x = 2\angle R$, $\angle E + y = 2\angle R$, $x + y = \angle A$ となるような x, y をみつける.

・解・ A, D を結ぶと, 円に内接する四角形 ABCD において

$$\angle BAD + \angle C = 2\angle R \tag{1}$$

同様に四角形 ADEF において

$$\angle DAF + \angle E = 2\angle R \tag{2}$$

$\angle BAD + \angle DAF = \angle BAF$ であるから, (1)+(2) より

$$\angle BAF + \angle C + \angle E = 4\angle R$$

すなわち

$$\angle A + \angle C + \angle E = 4\angle R$$

・附言・ 同様に $\angle B + \angle D + \angle F$ も $4\angle R$ に等しいことがいえる. また一般に, 円に内接する $2n$ 角形の一つおきの内角の総和は $(2n-2)\angle R$ であることがいえる.

・例題2・ 六角形 ABCDEF が円 O に外接するならば $\angle AOB + \angle COD + \angle EOF = 2\angle R$ である.

・着想・ $\angle AOB$ 等をそれぞれ和の形または差の形に変形する.

・解・ 辺 AF, AB, BC, CD, DE, EF が円 O に接する点をそれぞれ P, Q, R, S, T, U とする.

$$\angle AOP = \angle AOQ = a$$

$$\angle BOQ = \angle BOR = b$$

$$\angle COR = \angle COS = c$$

$$\angle DOS = \angle DOT = d$$

$$\angle EOT = \angle EOU = e$$

$$\angle FOU = \angle FOP = f$$

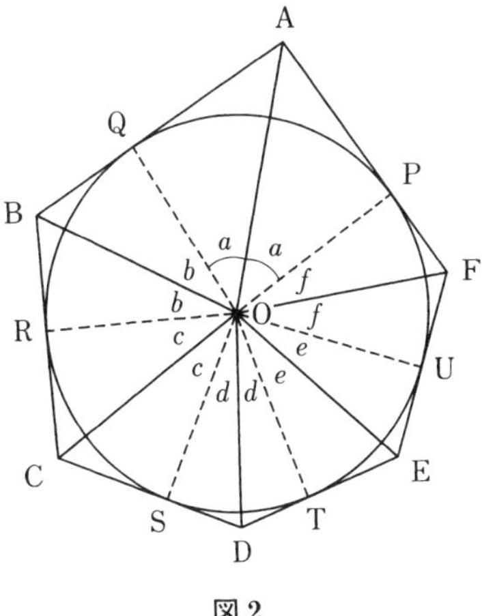

図2

とおくと

$$\angle \mathrm{POQ}+\angle \mathrm{QOR}+\angle \mathrm{ROS}+\angle \mathrm{SOT}+\angle \mathrm{TOU}+\angle \mathrm{UOP}$$
$$=4\angle R$$

より

$$2a+2b+2c+2d+2e+2f=4\angle R,$$

よって

$$a+b+c+d+e+f=2\angle R$$

したがって

$$\angle \mathrm{AOB}+\angle \mathrm{COD}+\angle \mathrm{EOF}=(a+b)+(c+d)+(e+f)$$
$$=2\angle R$$

・附言・

$$\angle \mathrm{AOB}=2\angle R-(\angle \mathrm{OAB}+\angle \mathrm{OBA}),$$

$\angle \mathrm{COD}$ と $\angle \mathrm{EOF}$ も同様に変形してその和を作り，六角形の内角の和が $8\angle R$ であることを用いて解くこともできる．なお，一般に円 O に外接する $2n$ 角形 $\mathrm{A_1A_2A_3A_4\cdots A_{2n-1}A_{2n}}$ において

$\angle A_1OA_2 + \angle A_3OA_4 + \angle A_5OA_6 + \cdots + \angle A_{2n-1}OA_{2n} = 2\angle R$

であることがいえる.

・例題3・ 円Oの弦ABと円O′の弦A′B′が平行であるとする. 直線AA′が再び円O, O′と交わる点をC, C′とし, 直線BB′が再び円O, O′と交わる点をD, D′とすればCD∥C′D′である.

・着想・ 図において弦ACの延長上の点をEとし∠ECD＝∠EC′D′がいえればよいと考えて, ∠ECDの移動を試みる.

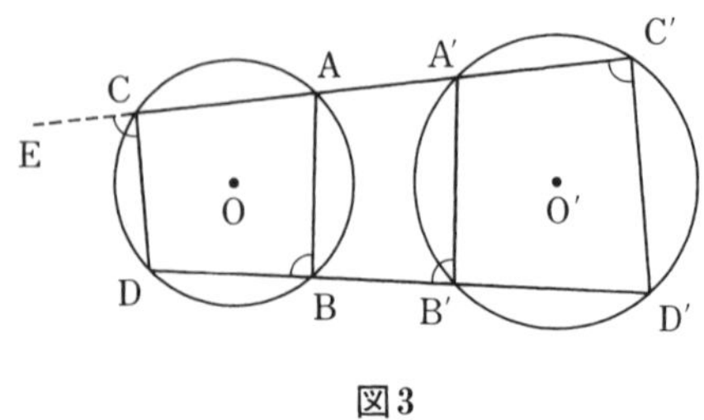

図3

・解・ 弦ACのCをこえた延長上の点をEとすると, 四角形ACDBは円Oに内接するから

$$\angle \mathrm{ECD} = \angle \mathrm{ABD}$$

またAB∥A′B′であるから

$$\angle \mathrm{ABD} = \angle \mathrm{A'B'D}$$

四角形A′B′D′C′は円O′に内接するから

$$\angle \mathrm{A'B'D} = \angle \mathrm{A'C'D'}$$

したがって

$$\angle \mathrm{ECD} = \angle \mathrm{A'C'D'}$$

すなわち

$$\angle \mathrm{ECD} = \angle \mathrm{EC'D'}$$

よって CD∥C′D′ である．

・例題 4・　円 O に内接する四角形を ABCD とし，弧 AB の中点 M と弧 CD の中点 N を結ぶ直線と弦 AB, CD との交点をそれぞれ P, Q とすれば

$$\angle \mathrm{APQ} = \angle \mathrm{DQP}$$

である．

・着想・　∠APQ がうまく ∠DQP まで移動できるかどうか，それが駄目なら ∠APQ と ∠DQP を和の形あるいは差の形に変形する．

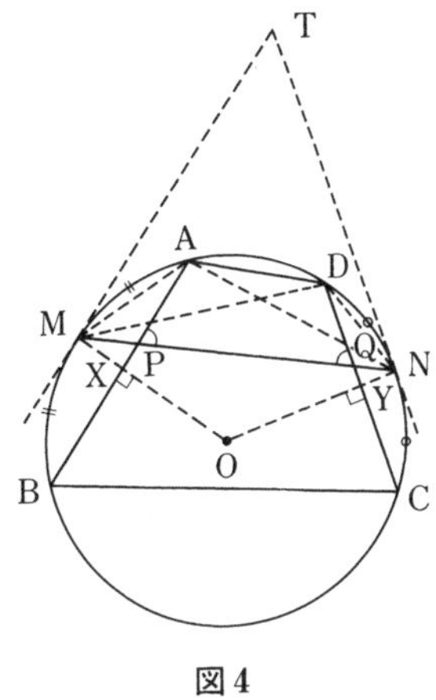

図 4

・解 1・　M, N における接線の交点を T とすれば TM = TN より

$$\angle \mathrm{TMN} = \angle \mathrm{TNM} \qquad (1)$$

M は弧 AB の中点であるから OM⊥AB，また OM⊥TM より

$$AB /\!/ TM$$

よって

$$\angle APQ = \angle TMN \qquad (2)$$

同様にDC // TN であるから

$$\angle DQP = \angle TNM \qquad (3)$$

(1), (2), (3)から

$$\angle APQ = \angle DQP.$$

・解2・

$$\begin{aligned}\angle APQ &= \angle AMN + \angle MAB \\ &= \angle AMD + \angle DMN + \angle MAB, \qquad (4)\end{aligned}$$

同様に

$$\begin{aligned}\angle DQP &= \angle DNM + \angle NDC \\ &= \angle DNA + \angle ANM + \angle NDC, \qquad (5)\end{aligned}$$

ところで

$$\angle AMD = \angle DNA,$$

また，弧DN = 弧NCより

$$\angle DMN = \angle NDC,$$

弧MB = 弧AMより

$$\angle MAB = \angle ANM.$$

よって(4), (5)より

$$\angle APQ = \angle DQP.$$

・解3・ OM, ON と AB, CD の交点をそれぞれ X, Y とすれば OM ⊥ AB，ON ⊥ CD より

$$\begin{aligned}\angle APQ = \angle MPX &= \angle R - \angle XMP \\ &= \angle R - \angle OMN\end{aligned}$$

また

$$\angle DQP = \angle NQY = \angle R - \angle YNQ$$
$$= \angle R - \angle ONM$$

ところでOM＝ONであるから

$$\angle OMN = \angle ONM$$

したがって

$$\angle APQ = \angle DQP.$$

・例題5・　一直線上に4点A, B, C, Dがこの順に並んでいる．この直線外の一点をPとし，P, A, Dを通る円と，P, B, Cを通る円が再び交わる点をQとすれば∠APB＝∠CQDである．

・着想・　∠APBを移動して∠CQDにまで移すことができるかどうか，それができなければ∠APBと∠CQDを和や差の形に変形して角の移動を考える．

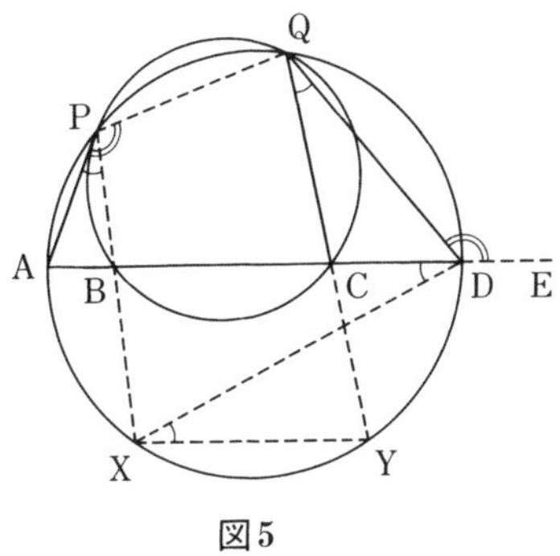

図5

・解1・　直線PB, QCが再び円ADQPと交わる点をX, Yとする．

$$\angle BCY = \angle BPQ = \angle XPQ,$$
$$\angle XPQ + \angle XYQ = 2\angle R$$

より

$$\angle \mathrm{BCY} + \angle \mathrm{XYQ} = 2\angle R,$$

したがって

$$\mathrm{BC} /\!/ \mathrm{XY},$$

すなわち AD // XY である．よって

$$\begin{aligned} \angle \mathrm{APB} &= \angle \mathrm{APX} \\ &= \angle \mathrm{ADX} = \angle \mathrm{YXD} \\ &= \angle \mathrm{YQD} = \angle \mathrm{CQD} \end{aligned}$$

・解 2・　AD の D をこえた延長上の点を E とすれば

$$\angle \mathrm{APQ} = \angle \mathrm{QDE}$$

また

$$\angle \mathrm{BPQ} = \angle \mathrm{QCD}$$

両式の差をとって

$$\begin{aligned} \angle \mathrm{APB} &= \angle \mathrm{APQ} - \angle \mathrm{BPQ} \\ &= \angle \mathrm{QDE} - \angle \mathrm{QCD} \\ &= \angle \mathrm{CQD} \end{aligned}$$

・参考・ 円 PAC，円 PBD の第 2 の交点を Q とすると，∠APB = ∠CQD が成り立つ．この場合の問題は 1998 年のロシアの数学オリンピックに出題されている．

・例題 6・　円 O の直径を AB とし，A, B から円 O の弦 CD への垂線の足をそれぞれ P, Q とすれば CP = DQ である．

・着想・　CD の中点を M とする．もし CP = DQ であれば M は PQ の中点となり AP // BQ // OM となるはずである．

またCP, DQ を対応辺とする合同な三角形をみつけることはできないだろうか．

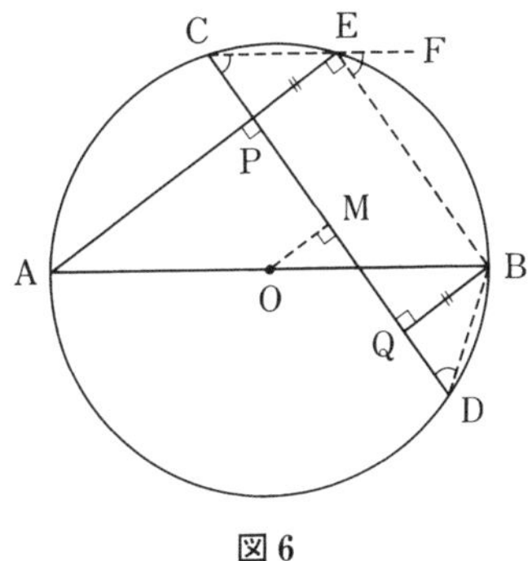

図 6

・解 1・　O から CD への垂線の足を M とすれば M は CD の中点で CM = DM である．また O は AB の中点で

$$AP /\!/ BQ /\!/ OM$$

であるから PM = QM である．したがって

$$CP = CM - PM = DM - QM = DQ$$

(C, D が AB に関して同側にある場合は

$$CP = PM - CM = QM - DM = DQ$$

とする.)

・解 2・　直線 AP が円 O と再び交わる点を E とし，CE の E をこえた延長上の点を F とする．AB は直径であるから

$$\angle AEB = \angle R$$

したがって四角形 EPQB は長方形で EP = BQ，および EB // PQ である．後者から EB // CD，したがって

$$\angle ECP = \angle FEB = \angle BDQ$$

これと ∠EPC = ∠BQD，および EP = BQ から

$$\triangle ECP \equiv \triangle BDQ$$

よって CP = DQ である．

・例題 7・　鋭角三角形 ABC 内の点を P とするとき ∠PAB ＝ ∠PCB，∠PAC ＝ ∠PBC ならば ∠PBA ＝ ∠PCA である．

・着想・　∠PAC ＝ ∠PBC より，これらの角を円周角とする円を利用する目的で，AP, BP が対辺 BC, CA と交わる点をそれぞれ D, E とすると，4 点 A, B, D, E が同一円周上にあって ∠PAB と ∠PBA が容易に移動される．

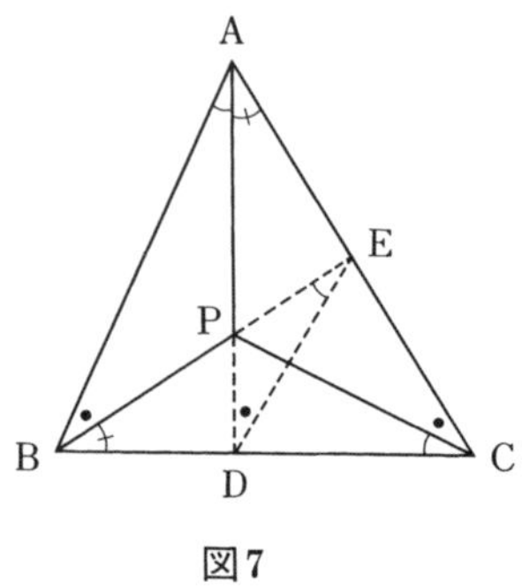

図 7

・解・　直線 AP, BP が対辺 BC, CA と交わる点を D, E とする．

$$\angle \mathrm{DAE} = \angle \mathrm{PAC} = \angle \mathrm{PBC} = \angle \mathrm{EBD}$$

より，4 点 A, B, D, E は同一円周上にある．よって

$$\angle \mathrm{ABP} = \angle \mathrm{ABE} = \angle \mathrm{ADE} = \angle \mathrm{PDE},$$

$$\begin{aligned} \angle \mathrm{PED} &= \angle \mathrm{BED} = \angle \mathrm{BAD} \\ &= \angle \mathrm{BAP} = \angle \mathrm{PCB} \\ &= \angle \mathrm{PCD}. \end{aligned}$$

後者から 4 点 P, D, C, E は同一円周上にある．したがって

$$\angle \mathrm{PDE} = \angle \mathrm{PCE} = \angle \mathrm{PCA}$$

よって

$$\angle \mathrm{ABP} = \angle \mathrm{PCA},$$

すなわち ∠PBA = ∠PCA である．

・附言・　(1)　このとき AP, BP, CP はそれぞれ対辺に垂直であることが証明できる．P は△ABC 内の点であるから，△ABC は鋭角三角形でなくてはならない．そのため，鋭角三角形という条件を最初につけておいたのである．

(2)　補助線なしに次のように解くこともできる．

PB が共通で ∠PAB = ∠PCB から円 PAB と円 PCB は等円(半径の等しい円)である．同様に円 PAC と円 PBC は等円である．したがって円 PAB と円 PAC は等円である．よって ∠PBA と ∠PCA は等しいか，あるいは補角をなすが，∠PBA + ∠PCA は 2∠R より小さいから両角は補角をなさない．

よって ∠PBA と ∠PCA は等しい．

・例題 8・　菱形 ABCD の辺 AB 上の点を E とし，CE と BD の交点を F とする．3 点 A, E, F を通る円が再び AD, BD と交わる点を P, Q とすれば，3 点 P, Q, C は共線(同一直線上にあること)である．

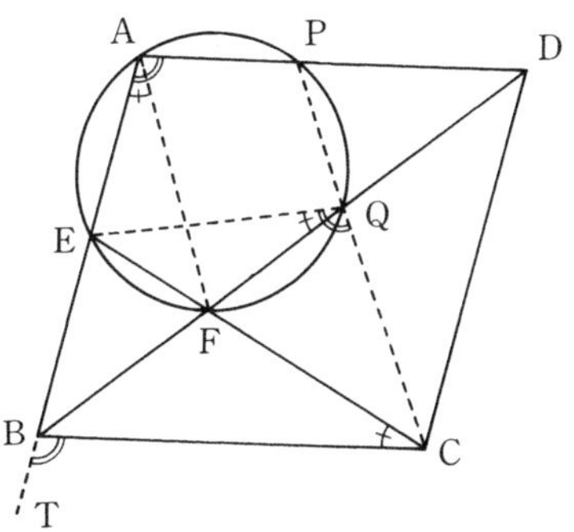

図 8

112 **・着想・**　P, Q, C が共線とすれば，

$$\angle \mathrm{AEQ} = \angle \mathrm{DPQ} = \angle \mathrm{QCB}$$

であるから，E, B, C, Q は同一円周上にあるはずである．

・解・　A, E, F, Q は同一円周上にあるから $\angle \mathrm{EQF} = \angle \mathrm{EAF}$，すなわち

$$\angle \mathrm{EQB} = \angle \mathrm{BAF} \qquad (1)$$

$\triangle \mathrm{ABF}, \triangle \mathrm{CBF}$ において BA = BC，BF は共通で，

$$\angle \mathrm{ABF} = \angle \mathrm{ABD} = \angle \mathrm{ADB} = \angle \mathrm{CBF}$$

であるから $\triangle \mathrm{ABF} \equiv \triangle \mathrm{CBF}$ である．よって

$$\angle \mathrm{BAF} = \angle \mathrm{BCF} \qquad (2)$$

(1), (2) から

$$\angle \mathrm{EQB} = \angle \mathrm{BCF},$$

すなわち $\angle \mathrm{EQB} = \angle \mathrm{ECB}$，よって E, B, C, Q は同一円周上にある．

AB の B をこえた延長上の点を T とすると，四角形 EBCQ は円に内接するから

$$\angle \mathrm{EQC} = \angle \mathrm{TBC} \qquad (3)$$

また AD // BC から

$$\angle \mathrm{TBC} = \angle \mathrm{EAP} \qquad (4)$$

四角形 AEQP は円に内接するから

$$\angle \mathrm{EAP} + \angle \mathrm{PQE} = 2\angle R$$

これと (3), (4) から

$$\angle \mathrm{EQC} + \angle \mathrm{PQE} = 2\angle R$$

よって P, Q, C は共線である．

7 比の移動

比の移動には，平行線に関する定理や，相似形に関する定理が用いられる．

・定理1・ △ABCにおいてBCに平行な直線がAB, ACと交わる点をD, Eとすれば

$$\mathrm{AD}:\mathrm{DB}=\mathrm{AE}:\mathrm{EC}$$

である．この逆も成り立つ．

・定理2・ △ABC ∽ △A′B′C′ ならば

$$\mathrm{AB}:\mathrm{A'B'}=\mathrm{BC}:\mathrm{B'C'}=\mathrm{CA}:\mathrm{C'A'}$$

である．

・定理3・ 点Oで交わる3直線 a, b, c が，Oを通らない二つの平行線 l, m と交わる点をそれぞれ，A, A′；B, B′；C, C′ とすれば

$$\mathrm{AB}:\mathrm{BC}=\mathrm{A'B'}:\mathrm{B'C'}$$

である．

・証明・ $l \parallel m$ から

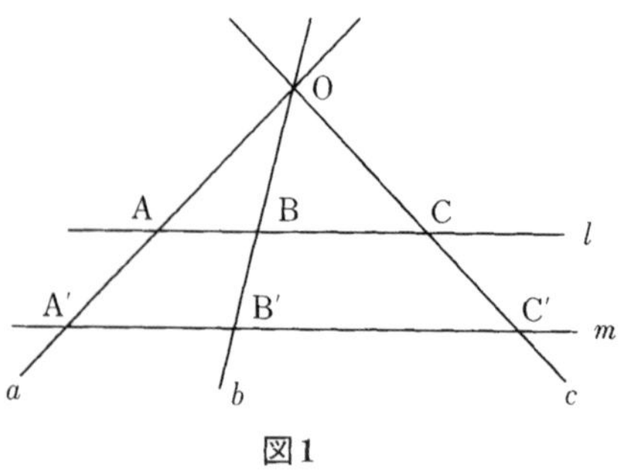

図1

$$\triangle \mathrm{OAB} \backsim \triangle \mathrm{OA'B'},$$

よって

$$\mathrm{AB} : \mathrm{A'B'} = \mathrm{OB} : \mathrm{OB'},$$

同様に，$\mathrm{BC} : \mathrm{B'C'} = \mathrm{OB} : \mathrm{OB'}$ であるから

$$\mathrm{AB} : \mathrm{A'B'} = \mathrm{BC} : \mathrm{B'C'}$$

よって

$$\mathrm{AB} : \mathrm{BC} = \mathrm{A'B'} : \mathrm{B'C'}.$$

・例題1・　△ABC の辺 BC の中点を M とし，線分 AM 上の 1 点を P とする．直線 BP, CP がそれぞれ対辺 AC, AB と交わる点を D, E とすれば ED∥BC である．

・着想・　AE : EB = AD : DC がいえればよい．

$$\mathrm{AE} : \mathrm{EB} = \mathrm{AP} : x$$

のような比の移動を考える．

・解・　B を通って EP に平行な直線をひき，その直線と AP との交点を F とすれば

$$\mathrm{AE} : \mathrm{EB} = \mathrm{AP} : \mathrm{PF} \qquad (1)$$

EP∥BF より PC∥BF であるから

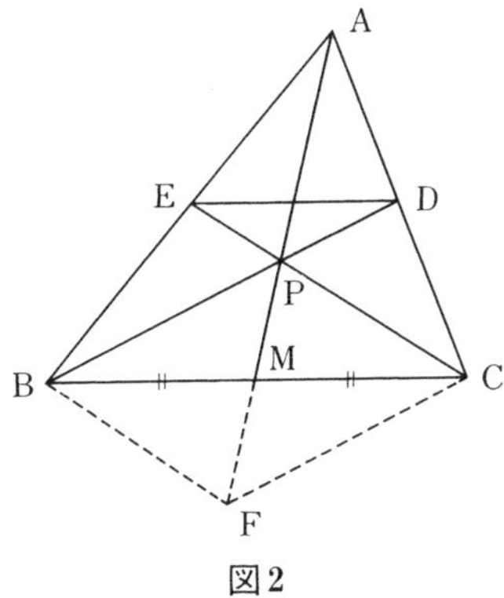

図2

$$\mathrm{PM} : \mathrm{MF} = \mathrm{CM} : \mathrm{MB} = 1 : 1$$

よって PM = MF，したがって四辺形 PBFC は平行四辺形なので BP∥FC，すなわち PD∥FC．よって

$$\mathrm{AP} : \mathrm{PF} = \mathrm{AD} : \mathrm{DC} \qquad (2)$$

(1), (2) より AE : EB = AD : DC．

ゆえに ED∥BC である．

・例題 2・ 円 O の直径を AB とし，円周上の点 P における接線と，A, B における接線との交点を C, D とし，AD, BC の交点を Q とすれば PQ⊥AB である．

・着想・ DB⊥AB であるから PQ∥DB がいえればよい．

・解・ AC, BD は直径 AB の両端における接線であるから

$$\mathrm{CA} \perp \mathrm{AB}, \qquad \mathrm{DB} \perp \mathrm{AB}$$

よって CA∥DB．したがって

$$\mathrm{CQ} : \mathrm{QB} = \mathrm{CA} : \mathrm{DB} \qquad (1)$$

CA, CP および DB, DP は円 O の接線であるから CA = CP,

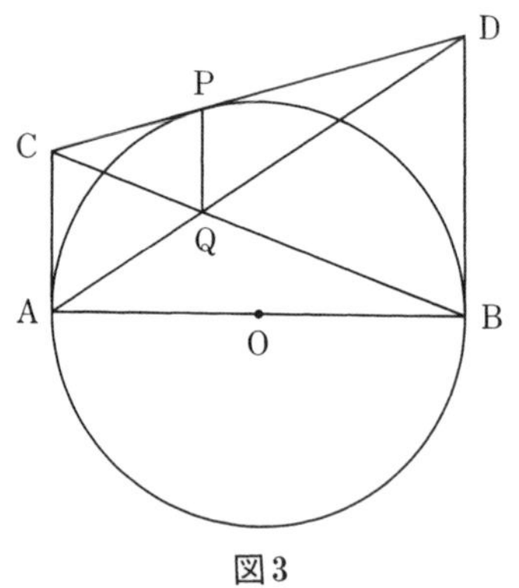

図3

DB = DP，よって(1)から

$$CQ : QB = CP : PD$$

よってPQ∥DB，これとDB⊥ABからPQ⊥ABがいえる．

・例題3・　四辺形ABCDの対角線AC, BDの交点をOとする．Oを通りAD, BCに平行にひいた直線がそれぞれBC, ADと交わる点をP, Qとし，Oを通りCD, ABに平行にひいた直線がそれぞれAB, CDと交わる点をR, Sとすれば，4点P, Q, R, Sは一直線上にある．

・着想・　AB, CDの交点をX, AD, BCの交点をYとすると，4点P, Q, R, Sは直線XYに平行な直線上にあるらしいことがわかる．

・解・　AB, CDの交点をX，AD，BCの交点をYとする．

QO∥YCから

$$AQ : QY = AO : OC$$

またOR∥CXから

$$AO : OC = AR : RX$$

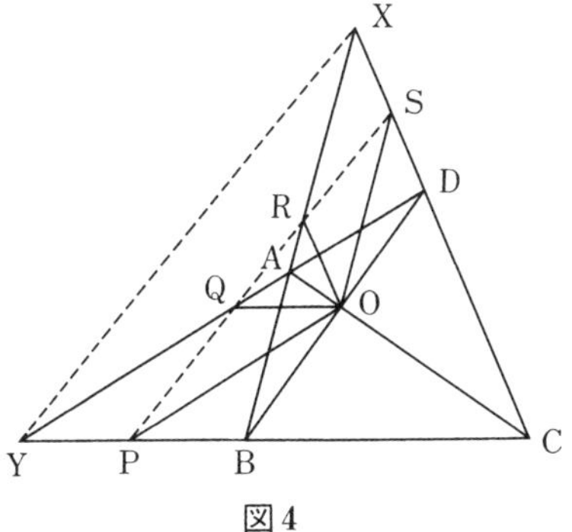

図4

よって AQ : QY = AR : RX. ゆえに

$$QR /\!/ YX \tag{1}$$

PO // YD, OR // DX から

$$BP : PY = BO : OD = BR : RX$$

よって

$$PR /\!/ YX \tag{2}$$

(1), (2) から P, Q, R は一直線上にある.

同様に OQ // BY, OS // BX から

$$DQ : QY = DO : OB = DS : SX$$

がわかる. よって

$$QS /\!/ YX \tag{3}$$

(1), (3) から Q, R, S は一直線上にある. したがって 4 点 P, Q, R, S は一直線上にある.

・例題 4・　四辺形 ABCD の対角線 AC, BD の交点 O を通り直線 AB に平行にひいた直線と BC, AD, CD との交点を E, F, G とすれば $GO^2 = GE \cdot GF$ である.

・着想・　$GO^2 = GE \cdot GF$ を比の形 $GE : GO = GO : GF$ に変形し，比の移動を試みる．

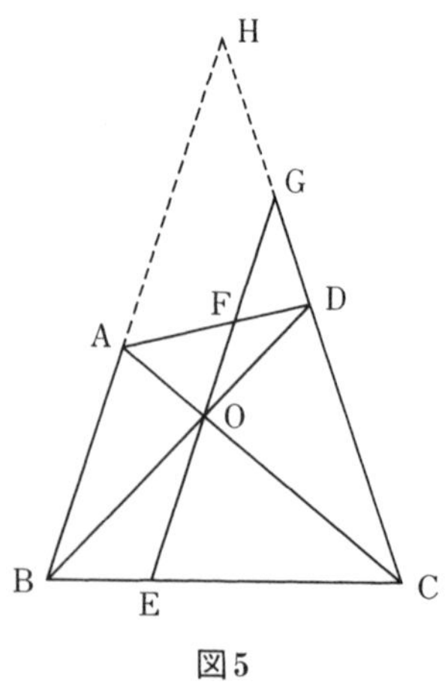

図5

・解・　AB, DC の交点を H とする．GE // HB で HG, AO, BE は点 C で交わるから定理 3 により

$$GE : GO = HB : HA \qquad (1)$$

GO // HB で HG, AF, BO は点 D で交わるから定理 3 により

$$HB : HA = GO : GF \qquad (2)$$

(1), (2) から

$$GE : GO = GO : GF$$

よって

$$GO^2 = GE \cdot GF.$$

・例題 5・　円外の点 P から円へ引いた二つの接線の接点を A, B とし，P を通りこの円と C, D で交わる直線をひけば

$$AD \cdot BC = AC \cdot BD$$

である．

・着想・　$AD \cdot BC = AC \cdot BD$ を比の形 $AD : AC = BD : BC$ に変形し，比の移動を試みる．

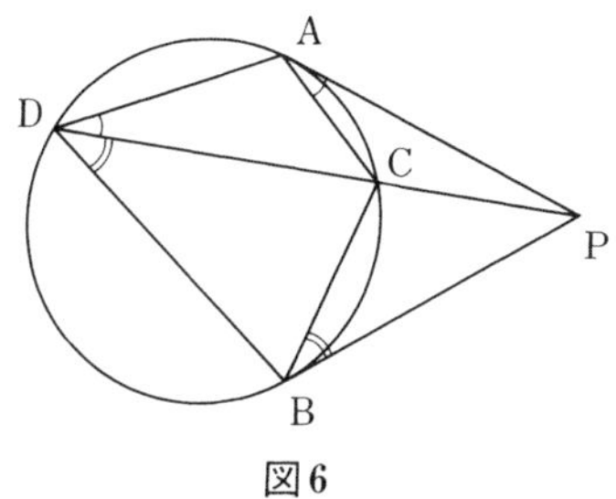

図6

・解・　PA は接線であるから，接弦定理により

$$\angle ADP = \angle CAP$$

また

$$\angle APD = \angle APC$$

よって

$$\triangle ADP \sim \triangle CAP$$

ゆえに

$$AD : CA = AP : CP \qquad (1)$$

同様に

$$\angle BDP = \angle CBP, \qquad \angle BPD = \angle CPB$$

から

$$\triangle BDP \sim \triangle CBP$$

よって

$$BD : CB = BP : CP \qquad (2)$$

PA, PB は接線であるから $AP = BP$，よって(1), (2)から

$$AD : CA = BD : CB$$

ゆえに

$$AD \cdot BC = AC \cdot BD.$$

・例題 6・　△ABC の ∠A の 2 等分線と BC との交点 D から AC, AB への垂線の足を E, F とし，D において BC に立てた垂線と EF との交点を P とすれば

$$EP : PF = AB : AC$$

である．

・着想・　EP : PF の比の移動のために，E を通って PD に平行な直線をひき，FD との交点を G とすれば

$$EP : PF = GD : DF = GD : DE.$$

あとは △DGE ∽ △ABC がいえればよい．

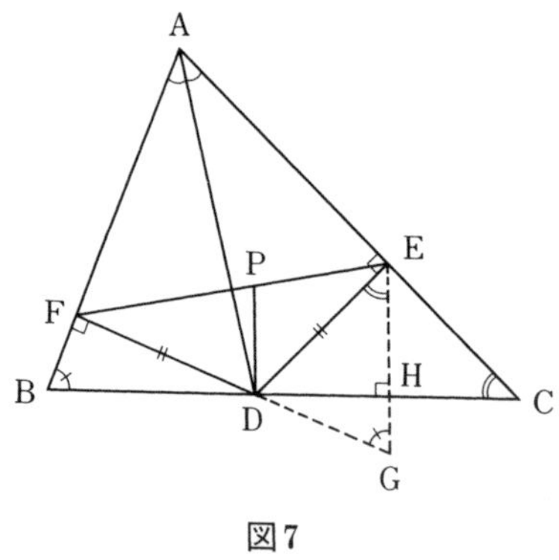

図 7

・解・　E を通り PD に平行な直線と FD との交点を G とすれば

$$EP : PF = GD : DF.$$

∠BAD = ∠DAC であるから DF = DE である．よって上式から

$$EP : PF = GD : DE \qquad (1)$$

$PD \perp BC$, $EG /\!/ PD$ から $EG \perp BC$ である．EG, DC の交点を H とすると，

$$\angle DEG = \angle DEH = 90° - \angle EDH = \angle ACB.$$

$$\angle DGE = \angle DGH = 90° - \angle GDH$$

$$= 90° - \angle FDB = \angle ABC.$$

よって $\triangle DEG \backsim \triangle ACB$．ゆえに

$$DG : DE = AB : AC \qquad (2)$$

(1), (2) から

$$EP : PF = AB : AC$$

である．

・例題 7・　平行四辺形 ABCD において，3 点 A, B, D を通る円と直線 BC, DC との交点を E, F とし AC と EF との交点を P とすれば

$$EP : PF = AB^2 : AD^2$$

である．

・着想・　E を通って CF に平行な直線をひき，CP との交点を T とすると

$$EP : PF = ET : CF.$$

右辺の変形に少し工夫がいる．

・解・　E を通り CF に平行な直線と CP との交点を T とすれば

$$EP : PF = ET : CF \qquad (1)$$

$AD /\!/ CE$, $CD /\!/ TE$ であるから

$$\triangle ADC \backsim \triangle CET$$

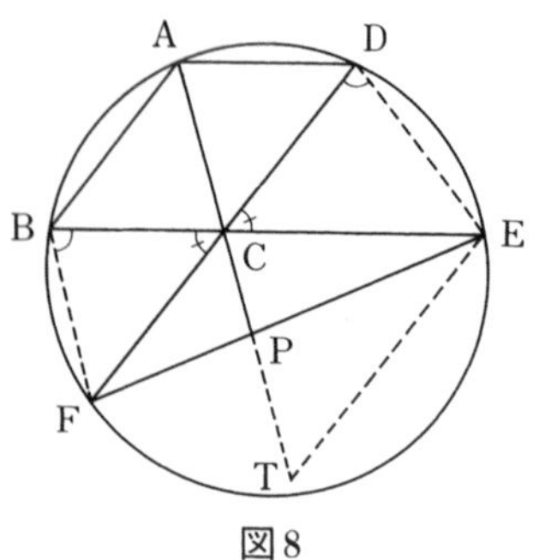

図8

よって

$$\frac{AD}{DC} = \frac{CE}{ET} \qquad (2)$$

$$\angle FBC = \angle FBE = \angle FDE = \angle CDE,$$

$$\angle BCF = \angle DCE$$

より

$$\triangle BCF \backsim \triangle DCE$$

よって

$$\frac{BC}{DC} = \frac{CF}{CE} \qquad (3)$$

(2)×(3)より

$$\frac{AD}{DC}\cdot\frac{BC}{DC} = \frac{CE}{ET}\cdot\frac{CF}{CE} = \frac{CF}{ET}$$

$BC = AD, DC = AB$ だから

$$ET : CF = AB^2 : AD^2$$

よって(1)から

$$EP : PF = AB^2 : AD^2$$

である.

・例題 8・　△ABC において $\angle A > \angle R$, $\angle B = 2\angle C$ とし，C において AC に立てた垂線と辺 AB の延長との交点を D とする．辺 BC の中点を M とすれば $\angle AMB = \angle DMC$ である．

・着想・　A を通って BC に平行な直線をひき，DM との交点を E とすれば，$\triangle ABM \equiv \triangle ECM$ となるはずである．

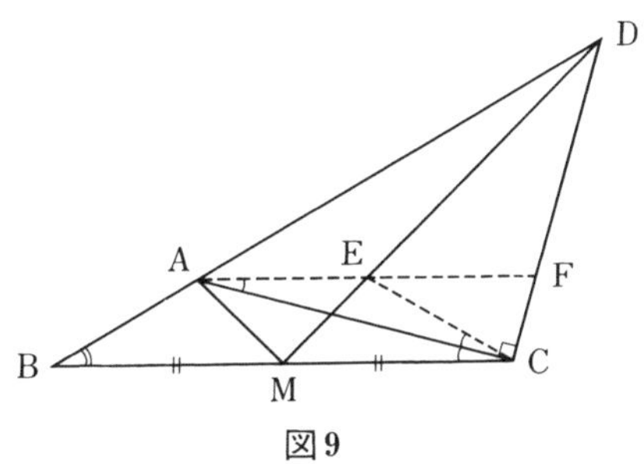

図 9

・解・　A を通り BC に平行な直線と DM, DC との交点を E, F とすると，定理 3 により

$$AE : EF = BM : MC = 1 : 1$$

よって AE = EF である．

$\angle ACF = \angle R$ で E は AF の中点であるから

$$AE = CE = EF.$$

よって

$$\angle ECA = \angle EAC = \angle ACB$$

ゆえに

$$\angle ECB = 2\angle ACB = \angle B = \angle DAE$$

よって A, B, C, E は同一円周上にある．ところで

$$\angle ACB = \angle EAC$$

であるから AB = EC，これと BM = CM，$\angle ABM = \angle ECM$

から

$$\triangle \mathrm{ABM} \equiv \triangle \mathrm{ECM}$$

よって

$$\angle \mathrm{AMB} = \angle \mathrm{EMC}$$

すなわち $\angle \mathrm{AMB} = \angle \mathrm{DMC}$ である．

・参考・　本問題は1998年ポーランドの数学オリンピックに出題された(著者提出の問題)．

・例題9・　円Oの直径をABとし，Bにおける接線上の点Pを通る直線が円Oと交わる点をC, Dとする．直線POがAC, ADと交わる点をE, Fとすれば $\mathrm{OE} = \mathrm{OF}$ である．

・着想・　Cを通ってEFに平行な直線をひき，AB, ADとの交点をX，Yとすれば，定理3により

$$\mathrm{CX} : \mathrm{XY} = \mathrm{EO} : \mathrm{OF}$$

である．よって $\mathrm{EO} = \mathrm{OF}$ を証明するには，$\mathrm{CX} = \mathrm{XY}$ がいえればよい．

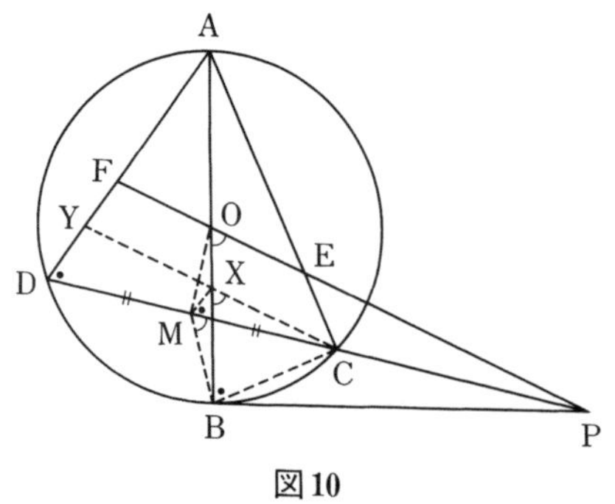

図10

・解・　Cを通りEFに平行な直線とAB, ADとの交点をX,

Y とすれば，定理 3 により

$$EO : OF = CX : XY \qquad (1)$$

CD の中点を M とすれば OM⊥CD であるから $\angle OMP = \angle R$ である．BP は接線であるから OB⊥BP，よって O, M, B, P は OP を直径とする円周上にある．したがって

$$\angle BMP = \angle BOP = \angle BXC.$$

すなわち $\angle BMC = \angle BXC$ であるから M, B, C, X は同一円周上にある．よって

$$\angle XMC = \angle XBC = \angle ABC$$
$$= \angle ADC = \angle YDC.$$

したがって MX∥DY，M は CD の中点だから CX = XY である．よって(1)から EO = OF．すなわち

$$OE = OF$$

である．

8 メネラウスの定理とチェバの定理

最初に面積比に関する基本的な定理を二つあげ，つぎにメネラウスの定理とチェバの定理を証明しよう．

・定理 1・　平面上に 4 点 A, B, C, D があって，直線 AC, BD が点 O で交わるとすれば

$$\triangle \mathrm{ABD} : \triangle \mathrm{CBD} = \mathrm{AO} : \mathrm{CO}$$

である．

・証明・　A, C から BD への垂線の足を A′, C′ とすれば

$$\begin{aligned}\triangle \mathrm{ABD} : \triangle \mathrm{CBD} &= \mathrm{BD}\cdot\mathrm{AA'} : \mathrm{BD}\cdot\mathrm{CC'} \\ &= \mathrm{AA'} : \mathrm{CC'} = \mathrm{AO} : \mathrm{CO}\end{aligned}$$

である．

・定理 2・　△ABC, △A′B′C′ において ∠A = ∠A′，または ∠A + ∠A′ = 2∠R ならば

$$\triangle \mathrm{ABC} : \triangle \mathrm{A'B'C'} = \mathrm{AB}\cdot\mathrm{AC} : \mathrm{A'B'}\cdot\mathrm{A'C'}$$

である．

・証明・　B, B′ からそれぞれ AC, A′C′ への垂線の足を X, X′ とすれば △ABX ∽ A′B′X′ であるから

$$\mathrm{BX} : \mathrm{B'X'} = \mathrm{AB} : \mathrm{A'B'}$$

よって

$$\frac{\triangle \mathrm{ABC}}{\triangle \mathrm{A'B'C'}} = \frac{\mathrm{BX} \cdot \mathrm{AC}}{\mathrm{B'X'} \cdot \mathrm{A'C'}} = \frac{\mathrm{AB} \cdot \mathrm{AC}}{\mathrm{A'B'} \cdot \mathrm{A'C'}}$$

・定理 3・　△ABC の 3 辺 BC, CA, AB またはその延長が，頂点を通らない直線と交わる点をそれぞれ P, Q, R とすれば

$$\frac{\mathrm{BP}}{\mathrm{PC}} \cdot \frac{\mathrm{CQ}}{\mathrm{QA}} \cdot \frac{\mathrm{AR}}{\mathrm{RB}} = 1$$

である［メネラウス(Menelaus)の定理]．

・証明 1・　A を通って BC に平行線をひき，PR との交点を S とすれば

$$\frac{\mathrm{CQ}}{\mathrm{QA}} = \frac{\mathrm{PC}}{\mathrm{AS}}, \qquad \frac{\mathrm{AR}}{\mathrm{RB}} = \frac{\mathrm{AS}}{\mathrm{BP}},$$

これから

$$\frac{\mathrm{BP}}{\mathrm{PC}} \cdot \frac{\mathrm{CQ}}{\mathrm{QA}} \cdot \frac{\mathrm{AR}}{\mathrm{RB}} = 1$$

がいえる．

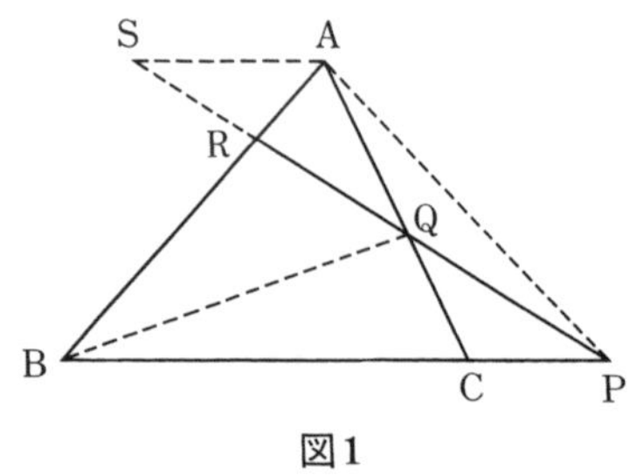

図1

・証明 2・

$$\frac{\mathrm{BP}}{\mathrm{PC}}=\frac{\triangle\mathrm{BPQ}}{\triangle\mathrm{CPQ}},$$

$$\frac{\mathrm{CQ}}{\mathrm{QA}}=\frac{\triangle\mathrm{CPQ}}{\triangle\mathrm{APQ}},$$

$$\frac{\mathrm{AR}}{\mathrm{RB}}=\frac{\triangle\mathrm{APQ}}{\triangle\mathrm{BPQ}}$$

よって

$$\frac{\mathrm{BP}}{\mathrm{PC}}\cdot\frac{\mathrm{CQ}}{\mathrm{QA}}\cdot\frac{\mathrm{AR}}{\mathrm{RB}}=1.$$

・系・　△ABC の辺 BC, CA, AB またはその延長上の 3 点を P, Q, R とし，P, Q, R のすべてが辺の延長上に，またはその一つだけが辺の延長上にあるとする.

このとき

$$\frac{\mathrm{BP}}{\mathrm{PC}}\cdot\frac{\mathrm{CQ}}{\mathrm{QA}}\cdot\frac{\mathrm{AR}}{\mathrm{RB}}=1$$

ならば P, Q, R は一直線上にある［メネラウスの定理の逆］.

メネラウスの定理の逆は 3 点が一直線上にあることを証明する場合によく用いられる.

・定理 4・　△ABC の頂点 A, B, C と，三角形の辺またはその延長上にない点 X とを結ぶ直線が，対辺 BC, CA, AB またはその延長と交わる点をそれぞれ P, Q, R とすれば

$$\frac{\mathrm{BP}}{\mathrm{PC}}\cdot\frac{\mathrm{CQ}}{\mathrm{QA}}\cdot\frac{\mathrm{AR}}{\mathrm{RB}}=1$$

である［チェバ(Ceva)の定理］.

・証明 1・　A を通って BC に平行な直線をひき，BQ, CR との交点を S, T とすれば

$$\frac{\mathrm{BP}}{\mathrm{PC}} = \frac{\mathrm{SA}}{\mathrm{AT}}, \qquad \frac{\mathrm{CQ}}{\mathrm{QA}} = \frac{\mathrm{BC}}{\mathrm{SA}}, \qquad \frac{\mathrm{AR}}{\mathrm{RB}} = \frac{\mathrm{AT}}{\mathrm{BC}}$$

よって

$$\frac{\mathrm{BP}}{\mathrm{PC}} \cdot \frac{\mathrm{CQ}}{\mathrm{QA}} \cdot \frac{\mathrm{AR}}{\mathrm{RB}} = 1.$$

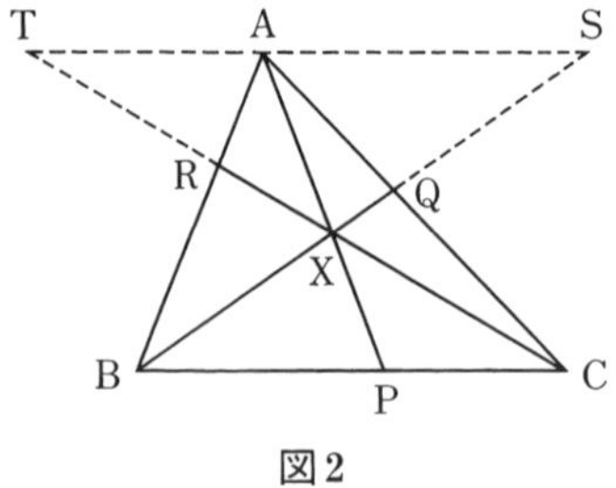

図2

・証明2・

$$\frac{\mathrm{BP}}{\mathrm{PC}} = \frac{\triangle \mathrm{XAB}}{\triangle \mathrm{XCA}},$$

$$\frac{\mathrm{CQ}}{\mathrm{QA}} = \frac{\triangle \mathrm{XBC}}{\triangle \mathrm{XAB}},$$

$$\frac{\mathrm{AR}}{\mathrm{RB}} = \frac{\triangle \mathrm{XCA}}{\triangle \mathrm{XBC}},$$

よって

$$\frac{\mathrm{BP}}{\mathrm{PC}} \cdot \frac{\mathrm{CQ}}{\mathrm{QA}} \cdot \frac{\mathrm{AR}}{\mathrm{RB}} = 1.$$

・系・　△ABC の辺 BC, CA, AB またはその延長上の 3 点を P, Q, R とし，P, Q, R のすべてが辺上に，またはそのうちの一つだけが辺上にあるとき

$$\frac{\mathrm{BP}}{\mathrm{PC}} \cdot \frac{\mathrm{CQ}}{\mathrm{QA}} \cdot \frac{\mathrm{AR}}{\mathrm{RB}} = 1$$

ならば 3 直線 AP, BQ, CR は 1 点で交わるか，または平行であ

る［チェバの定理の逆］.

チェバの定理の逆は３直線が１点で交わることを証明する場合によく用いられる.

・例題１・　△ABC内の点をOとし直線AO, BO, COがそれぞれ対辺BC, CA, ABと交わる点をD, E, Fとすれば

$$\frac{\mathrm{AF}}{\mathrm{FB}}+\frac{\mathrm{AE}}{\mathrm{EC}}=\frac{\mathrm{AO}}{\mathrm{OD}}$$

である.

・着想・　$\dfrac{\mathrm{AF}}{\mathrm{FB}}$, $\dfrac{\mathrm{AE}}{\mathrm{EC}}$ を $\dfrac{\mathrm{AO}}{\mathrm{OD}}$ を用いて表わす.

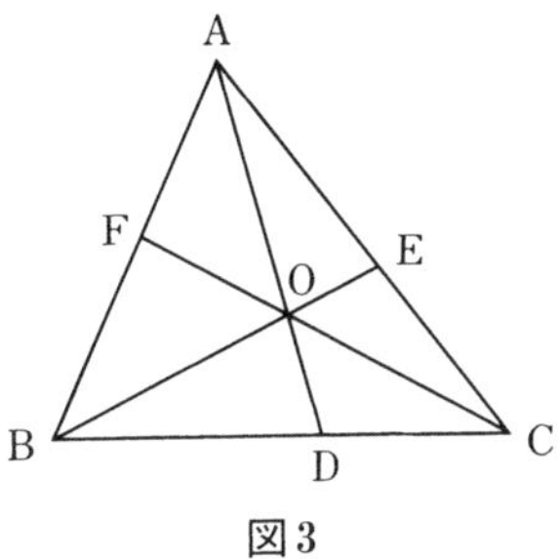

図３

・解・　△ABDを直線FOCが切るから，メネラウスの定理により

$$\frac{\mathrm{AF}}{\mathrm{FB}}\cdot\frac{\mathrm{BC}}{\mathrm{CD}}\cdot\frac{\mathrm{DO}}{\mathrm{OA}}=1$$

よって

$$\frac{\mathrm{AF}}{\mathrm{FB}}=\frac{\mathrm{AO}}{\mathrm{OD}}\cdot\frac{\mathrm{DC}}{\mathrm{BC}} \qquad (1)$$

△ACDを直線EOBが切るから，メネラウスの定理により

$$\frac{AE}{EC}\cdot\frac{CB}{BD}\cdot\frac{DO}{OA}=1$$

よって

$$\frac{AE}{EC}=\frac{AO}{OD}\cdot\frac{BD}{BC} \qquad (2)$$

$\dfrac{BD}{BC}+\dfrac{DC}{BC}=1$ だから，(1)＋(2) より

$$\frac{AF}{FB}+\frac{AE}{EC}=\frac{AO}{OD}\cdot\left(\frac{DC}{BC}+\frac{BD}{BC}\right)$$

$$=\frac{AO}{OD}$$

・例題 2・　△ABC の辺 AB, AC の中点を M, N とし，辺 BC 上の 2 点を D, E とする．E を通り直線 DM, DN に平行にひいた直線が，それぞれ AB, AC と交わる点を P, Q とし，PQ, MN の交点を O とすれば

$$QO : OP = BD : DC$$

である．

・着想・　QO：OP を求めるのにメネラウスの定理を用いる．

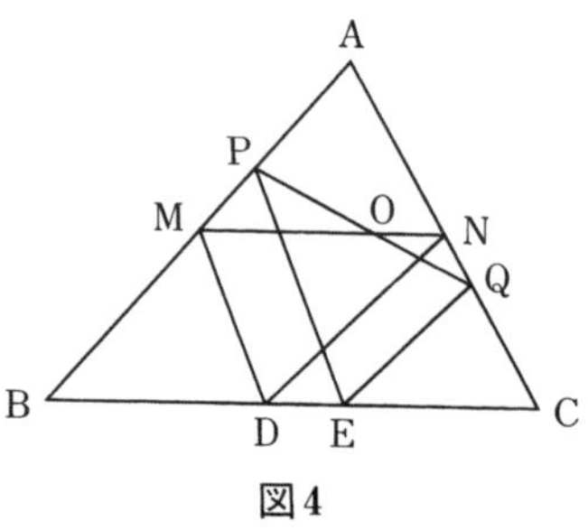

図 4

・解・　△APQ を直線 MON が切るから，メネラウスの定理

により

$$\frac{\mathrm{QO}}{\mathrm{OP}}\cdot\frac{\mathrm{PM}}{\mathrm{MA}}\cdot\frac{\mathrm{AN}}{\mathrm{NQ}}=1$$

よって

$$\frac{\mathrm{QO}}{\mathrm{OP}}=\frac{\mathrm{MA}}{\mathrm{MP}}\cdot\frac{\mathrm{NQ}}{\mathrm{AN}} \qquad (1)$$

$\mathrm{BM}=\mathrm{MA}$ と $\mathrm{MD}/\!/\mathrm{PE}$ から

$$\frac{\mathrm{MA}}{\mathrm{MP}}=\frac{\mathrm{BM}}{\mathrm{MP}}=\frac{\mathrm{BD}}{\mathrm{DE}} \qquad (2)$$

$\mathrm{AN}=\mathrm{NC}$ と $\mathrm{ND}/\!/\mathrm{QE}$ から

$$\frac{\mathrm{NQ}}{\mathrm{AN}}=\frac{\mathrm{NQ}}{\mathrm{NC}}=\frac{\mathrm{DE}}{\mathrm{DC}} \qquad (3)$$

(1)，(2)，(3)から

$$\frac{\mathrm{QO}}{\mathrm{OP}}=\frac{\mathrm{BD}}{\mathrm{DE}}\cdot\frac{\mathrm{DE}}{\mathrm{DC}}=\frac{\mathrm{BD}}{\mathrm{DC}}$$

ゆえに

$$\mathrm{QO}:\mathrm{OP}=\mathrm{BD}:\mathrm{DC}.$$

・例題 3・　△ABC の辺 BC に平行な直線が辺 AB, AC と交わる点を D, E とし，辺 BC 上の点 F と A を結ぶ直線と DE との交点を G とする．直線 BG, CD の交点を P，直線 BE, FD の交点を Q とすれば，3 点 A, P, Q は一直線上にある．

・着想・　BG, FD の交点を X とすれば，A, P, Q は △XFG の辺または延長上の点で，メネラウスの定理の逆が使えそうである．

・解・　BG, FD の交点を X とし，BE, CD の交点を Y とする．直線 DGE は直線 BFC に平行だから

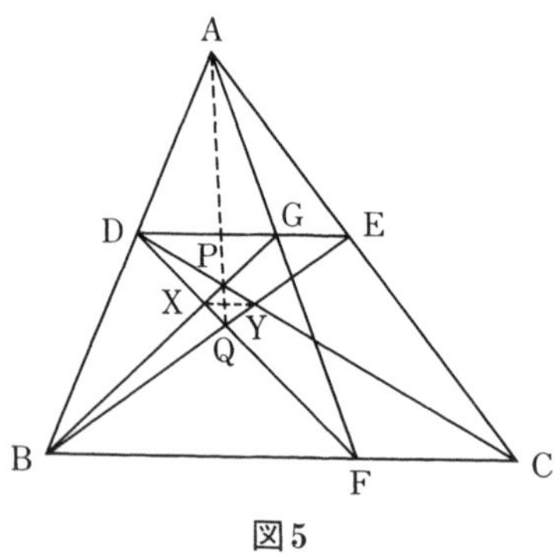

図5

$$\frac{DX}{XF}=\frac{DG}{BF}=\frac{AD}{AB}=\frac{DE}{BC}=\frac{DY}{YC}$$

よって XY∥FC，すなわち

$$XY \parallel BC \parallel DE$$

したがって

$$\frac{GP}{PX}=\frac{GD}{XY},$$

$$\frac{XQ}{QF}=\frac{XY}{FB}$$

また DG∥BF から

$$\frac{FA}{AG}=\frac{FB}{GD}$$

よって

$$\frac{GP}{PX}\cdot\frac{XQ}{QF}\cdot\frac{FA}{AG}=\frac{GD}{XY}\cdot\frac{XY}{FB}\cdot\frac{FB}{GD}$$

$$=1$$

ゆえにメネラウスの定理の逆により A, P, Q は一直線上にある．

・例題 4・　△ABC の辺 BC に平行な直線が辺 AB, AC と交わる点を D, E とする．辺 BC 上に中点 M と他の点 P をとり，直線 AP, DM の交点を X，直線 AM, EP の交点を Y とすれば，3 点 X, Y, C は一直線上にある．

・着想・　直線 CX が Y を通ると考えて，CX, AM, PE が点 Y で交わることを証明する．これはチェバの定理の逆が使える形である．

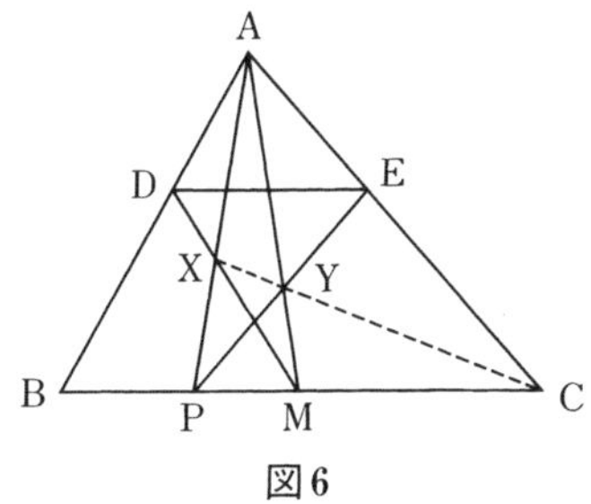

図 6

・解・　△ABP を直線 DXM が切るから，メネラウスの定理により

$$\frac{\mathrm{AD}}{\mathrm{DB}}\cdot\frac{\mathrm{BM}}{\mathrm{MP}}\cdot\frac{\mathrm{PX}}{\mathrm{XA}}=1 \qquad (1)$$

DE // BC より

$$\frac{\mathrm{AD}}{\mathrm{DB}}=\frac{\mathrm{AE}}{\mathrm{EC}}$$

また BM ＝ MC より

$$\frac{\mathrm{BM}}{\mathrm{MP}}=\frac{\mathrm{CM}}{\mathrm{MP}}$$

よって(1)から

$$\frac{AE}{EC}\cdot\frac{CM}{MP}\cdot\frac{PX}{XA}=1$$

したがって，チェバの定理の逆により，3 直線 AM, PE, CX は 1 点で交わる．よって直線 CX は AM, PE の交点 Y を通る．すなわち 3 点 X, Y, C は一直線上にある．

・例題 5・　△ABC の外側に，各辺上に三つの三角形 △BCD, △CAE, △ABF を，

$$\angle DBC=\angle FBA,$$
$$\angle DCB=\angle ECA,$$
$$\angle EAC=\angle FAB$$

であるように作れば，3 直線 AD, BE, CF は 1 点で交わるか，または平行である．

・着想・　AD, BE, CF がそれぞれ BC, CA, AB と交わる点を X, Y, Z とし，

$$\frac{BX}{XC}\cdot\frac{CY}{YA}\cdot\frac{AZ}{ZB}=1$$

を証明すれば，チェバの定理の逆により，3 直線 AD, BE, CF は 1 点で交わるか，または平行であることがいえる．

・解・　AD, BE, CF がそれぞれ BC, CA, AB と交わる点を X, Y, Z とする．また D, E, F から BC, CA, AB への垂線の足を D′, E′, F′ とする．定理 1 により

$$\frac{BX}{XC}=\frac{\triangle BAD}{\triangle CAD},$$

$$\frac{CY}{YA}=\frac{\triangle CBE}{\triangle ABE},$$

$$\frac{AZ}{ZB}=\frac{\triangle ACF}{\triangle BCF}$$

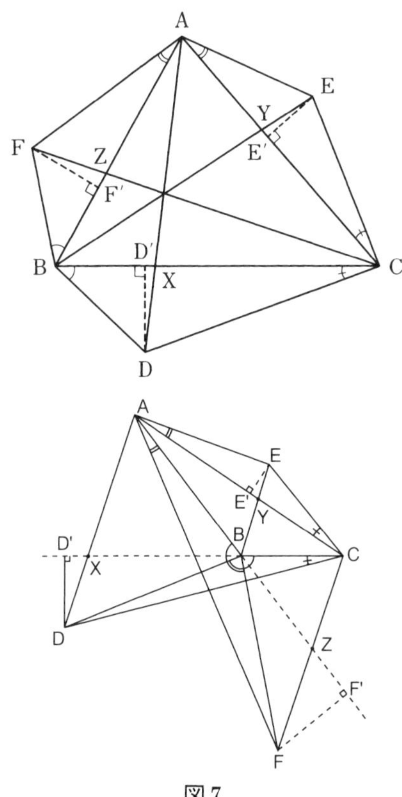

図 7

であるから

$$\frac{BX}{XC}\cdot\frac{CY}{YA}\cdot\frac{AZ}{ZB}=\frac{\triangle BAD}{\triangle CAD}\cdot\frac{\triangle CBE}{\triangle ABE}\cdot\frac{\triangle ACF}{\triangle BCF}$$

$$=\frac{\triangle BAD}{\triangle BCF}\cdot\frac{\triangle CBE}{\triangle CAD}\cdot\frac{\triangle ACF}{\triangle ABE}$$

$\angle ABD=\angle CBF$ であるから定理 2 により

$$\frac{\triangle BAD}{\triangle BCF}=\frac{BA\cdot BD}{BC\cdot BF}$$

$\triangle BDD' \backsim \triangle BFF'$ より

$$\frac{\mathrm{BD}}{\mathrm{BF}}=\frac{\mathrm{DD'}}{\mathrm{FF'}}$$

であるから

$$\frac{\triangle\mathrm{BAD}}{\triangle\mathrm{BCF}}=\frac{\mathrm{BA}\cdot\mathrm{DD'}}{\mathrm{BC}\cdot\mathrm{FF'}},$$

同様に

$$\frac{\triangle\mathrm{CBE}}{\triangle\mathrm{CAD}}=\frac{\mathrm{CB}\cdot\mathrm{EE'}}{\mathrm{CA}\cdot\mathrm{DD'}},$$

$$\frac{\triangle\mathrm{ACF}}{\triangle\mathrm{ABE}}=\frac{\mathrm{AC}\cdot\mathrm{FF'}}{\mathrm{AB}\cdot\mathrm{EE'}}$$

これらから

$$\frac{\mathrm{BX}}{\mathrm{XC}}\cdot\frac{\mathrm{CY}}{\mathrm{YA}}\cdot\frac{\mathrm{AZ}}{\mathrm{ZB}}=1.$$

よってチェバの定理の逆により AX, BY, CZ は共点であるか，または平行である．

・例題 6・　鋭角三角形 ABC の頂点 A から辺 BC への垂線の足を D とし，線分 AD 上の点 P と B, C を結ぶ直線がそれぞれ対辺 AC, AB と交わる点を F, E とすれば ∠ADE = ∠ADF

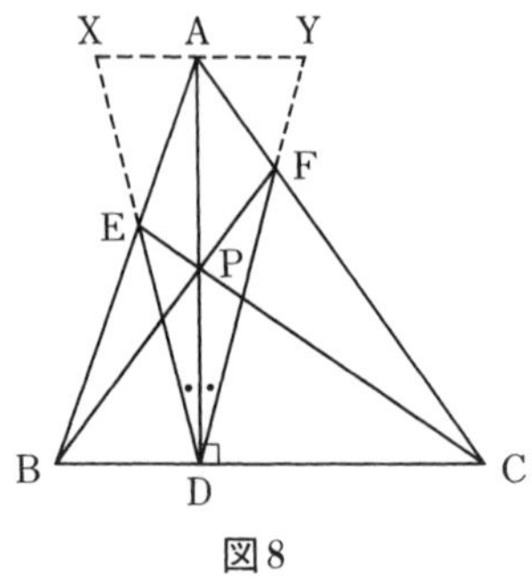

図 8

である．

・着想・ Aを通りBCに平行な直線とDE, DFの交点をX, Yとし，AX＝AYをいえばよい．

・解・ Aを通ってBCに平行な直線をひきDE, DFとの交点をX, Yとすれば

$$\frac{AE}{EB}=\frac{AX}{BD},\quad \frac{CF}{FA}=\frac{DC}{AY}$$

チェバの定理により

$$\frac{AE}{EB}\cdot\frac{BD}{DC}\cdot\frac{CF}{FA}=1$$

だから，

$$\frac{AX}{BD}\cdot\frac{BD}{DC}\cdot\frac{DC}{AY}=1$$

よって

$$AX=AY,$$

また$AD\perp BC$，$YX/\!/BC$より$XY\perp AD$だから

$$\angle ADX=\angle ADY,$$

すなわち

$$\angle ADE=\angle ADF.$$

・問題・ 例題1の図において

$$\frac{AF}{FB}=\frac{\triangle OCA}{\triangle OBC},$$

$$\frac{AE}{EC}=\frac{\triangle OAB}{\triangle OBC}$$

この関係を用いて例題1を証明せよ．

9 方べきの定理

・定理1・　円Oの2弦AB，CDまたはその延長の交点をPとすれば$PA \cdot PB = PC \cdot PD$である［方べきの定理］.

・証明・

$$\angle APD = \angle CPB, \qquad \angle PAD = \angle PCB$$

であるから

$$\triangle PAD \backsim \triangle PCB$$

よって

$$PA : PC = PD : PB$$

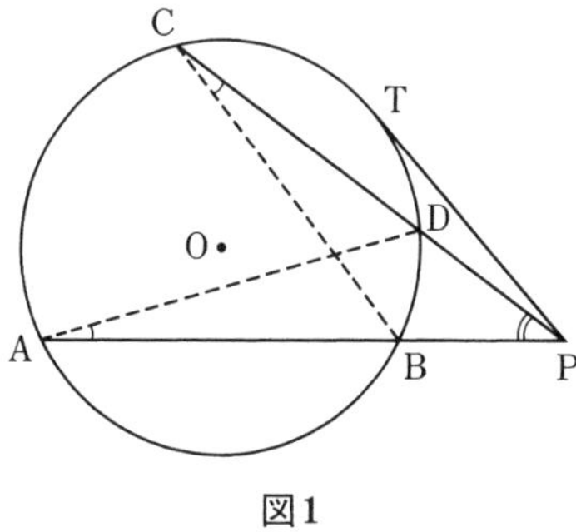

図1

ゆえに

$$PA \cdot PB = PC \cdot PD$$

・系・　線分 AB, CD あるいはその延長の交点を P とするとき,

$$PA \cdot PB = PC \cdot PD$$

ならば，A, B, C, D は同一円周上にある.

この系は定理 1 の逆にあたる.

・定理 2・　円 O の弦 AB の延長上の点 P から円 O にひいた接線の接点を T とすれば $PA \cdot PB = PT^2$ である［方べきの定理］.

・系・　△TAB の辺 AB の延長上の点を P とするとき

$$PA \cdot PB = PT^2$$

ならば PT は円 TAB に接する.

この系は定理 2 の逆にあたる. また定理 2 は定理 1 において C, D が重なる特別な場合にあたる.

・例題 1・　直角三角形 ABC の斜辺 BC 上の点を P とし，P において AP に立てた垂線と AB, AC との交点を D, E とすれば

$$AB \cdot AD : AC \cdot AE = BP : PC$$

である.

・着想・　左辺の面積比を線分比に変形するのに方べきの定理を用いる.

・解・　B, C においてそれぞれ AB, AC に立てた垂線と AP との交点を X, Y とする. B, D, X, P は DX を直径とする円周上にあるから

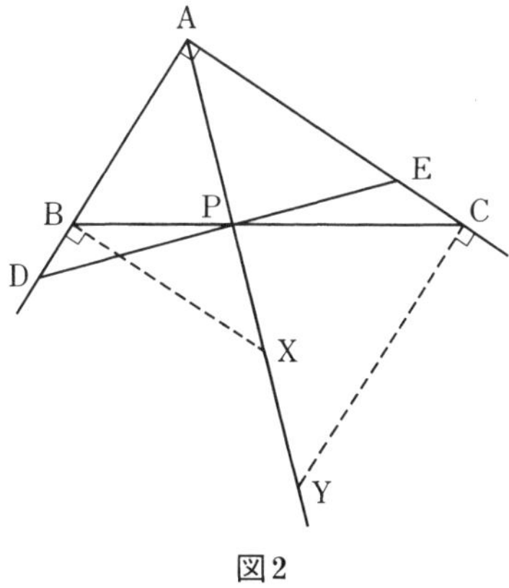

図2

$$AB \cdot AD = AP \cdot AX$$

同様に C, E, P, Y も同一円周上にあるから

$$AC \cdot AE = AP \cdot AY$$

よって

$$\begin{aligned} AB \cdot AD : AC \cdot AE &= AP \cdot AX : AP \cdot AY \\ &= AX : AY \qquad (1) \end{aligned}$$

$$\angle BAX = \angle AYC, \qquad \angle ABX = \angle ACY$$

より

$$\triangle ABX \backsim \triangle YCA$$

よって

$$AX : AY = AB : YC \qquad (2)$$

また AB∥YC から

$$AB : YC = BP : PC \qquad (3)$$

(1), (2), (3) から

$$AB \cdot AD : AC \cdot AE = BP : PC$$

・例題 2・　△ABC において ∠B = 45°，∠C = 75° のとき辺 BC 上に点 D を CD = 2 BD にとれば

$$\angle \mathrm{ADC} = 60^\circ$$

である．

・着想・　∠ADC = 60° ならば

$$\angle \mathrm{DAC} = 45^\circ = \angle \mathrm{ABC}$$

であるから AC は円 ABD に接し

$$\mathrm{AC}^2 = \mathrm{CB} \cdot \mathrm{CD}$$

となるはずである．

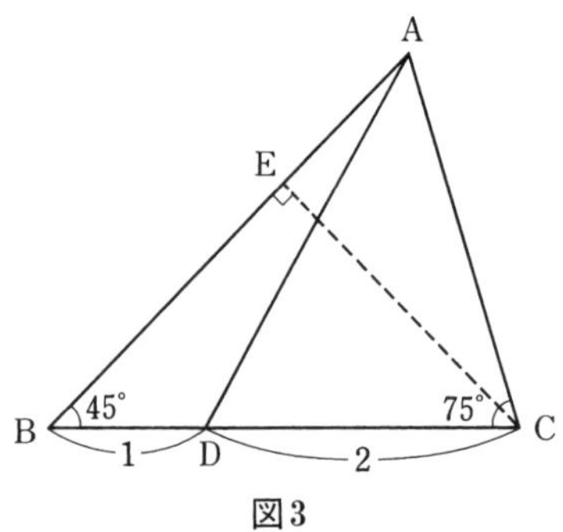

図 3

・解・　C から AB への垂線の足を E とすれば △EBC は直角二等辺三角形であるから

$$\mathrm{BC}^2 = 2\,\mathrm{CE}^2.$$

$$\angle \mathrm{ACE} = \angle \mathrm{ACB} - \angle \mathrm{ECB} = 75^\circ - 45^\circ = 30^\circ$$

であるから

$$\mathrm{AC} = 2\,\mathrm{AE},$$

よって

$$\mathrm{CE}^2 = \mathrm{AC}^2 - \mathrm{AE}^2 = \frac{3}{4}\mathrm{AC}^2$$

ゆえに

$$AC^2 = \frac{4}{3}CE^2 = \frac{2}{3}BC^2$$

$$= \frac{2}{3}BC \cdot BC = CD \cdot CB$$

よって AC は定理 2 の系により円 ABD に接するから

$$\angle DAC = \angle ABD = 45°$$

よって

$$\angle ADC = 180° - \angle ACD - \angle DAC = 60°.$$

・例題 3・　円外の点 P からこの円にひいた接線の接点を A とし，AP に平行な弦を BC とする．PB, PC が再びこの円と交わる点を D, E とし，DE と AP の交点を M とすれば，M は AP の中点である．

・着想・　$AM^2 = MP^2$ を証明する．

$$AM^2 = MD \cdot ME$$

だから

$$MP^2 = MD \cdot ME$$

がいえればよい．

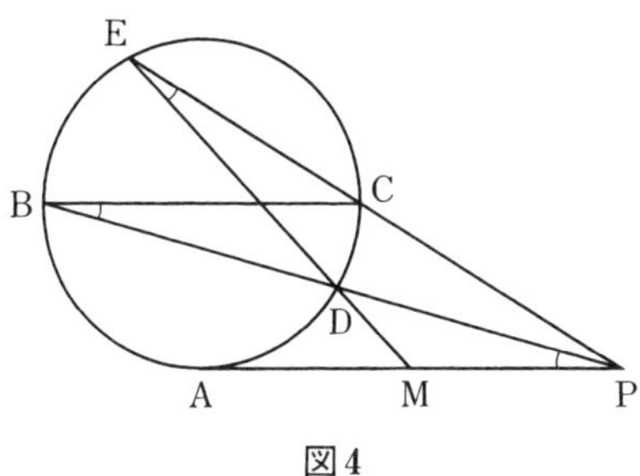

図 4

・解・　MA は円 ADE の接線だから

$$MA^2 = MD \cdot ME \qquad (1)$$

AP∥BC から

$$\angle DPM = \angle CBD$$

C, E, B, D は共円だから

$$\angle PED = \angle CED = \angle CBD$$

よって

$$\angle PED = \angle DPM$$

したがって MP は円 PDE に接するから

$$MP^2 = MD \cdot ME \qquad (2)$$

(1), (2) から

$$MA^2 = MP^2$$

ゆえに $MA = MP$, すなわち M は AP の中点である.

・例題 4・　円 O 外の点 P から円 O へひいた二つの接線の接点を A, B とし, 弦 AB の中点 M を通る弦を CD とすれば, $\angle CPM = \angle DPM$ である.

・着想・　O, M, P は共線で $OC = OD$ であるから C, O, D, P の共円がいえれば $\angle CPM = \angle DPM$ がいえる.

・解・　$PA = PB$ で M は AB の中点であるから $PM \perp AB$, また $OM \perp AB$ であるから O, M, P は共線である.

$$\angle OAP = \angle OBP = \angle R$$

より A, O, B, P は OP を直径とする円周上にあるから

$$OM \cdot MP = AM \cdot MB \qquad (1)$$

また A, C, B, D は同一円周上にあるから

$$CM \cdot MD = AM \cdot MB \qquad (2)$$

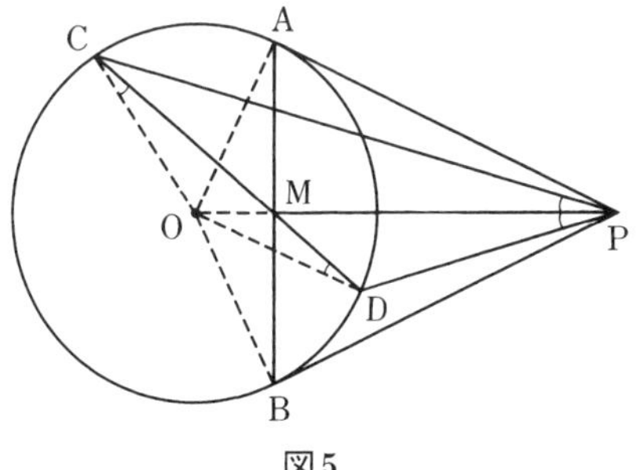

図5

(1), (2) から

$$OM \cdot MP = CM \cdot MD$$

よって C, O, D, P は同一円周上にある．したがって

$$\begin{aligned}\angle CPM &= \angle CPO = \angle CDO \\ &= \angle DCO = \angle DPO \\ &= \angle DPM\end{aligned}$$

である．

・例題 5・　中心が1直線上にない3円の二つずつの交点をそれぞれ A, B；C, D；E, F とすれば3直線 AB, CD, EF は1点で交わる．

・着想・　AB, CD の交点を P とし E, P, F の共線をいえばよい．

・解・　AB, CD の交点を P とし，直線 EP が再び円 EAB と交わる点を Q とする．

A, E, B, Q は共円だから

$$EP \cdot PQ = AP \cdot PB$$

また A, C, B, D は共円だから

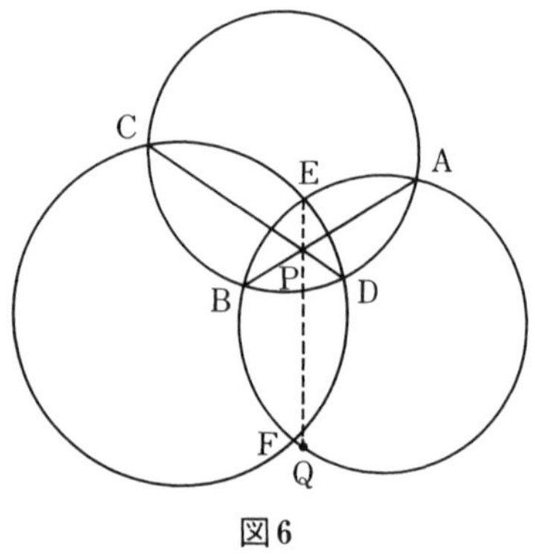

図6

$$\mathrm{CP}\cdot\mathrm{PD}=\mathrm{AP}\cdot\mathrm{PB}$$

よって

$$\mathrm{EP}\cdot\mathrm{PQ}=\mathrm{CP}\cdot\mathrm{PD}.$$

ゆえにE, C, Q, Dは共円である．すなわちQは円EABと円ECDの交点であるが，QはEと異なるから円EABと円ECDの他の交点Fに一致する．EQはPを通るからEFはPを通る．すなわち3直線AB, CD, EFは点Pで交わる．

・附言・　(1)　3円の中心は1直線上にないからAB, CD, EFのどの二つも平行ではない．したがってこれらの3直線は交点をもつ．

(2)　△ABCの頂点A, B, Cから対辺への垂線の足をD, E, Fとする．AB, BC, CAを直径とする3円の二つずつの交点はA, D；B, E；C, Fであるから例題5によりAD, BE, CFが1点で交わることがわかる．

すなわち三角形の各頂点から対辺へひいた三つの垂線は1点で交わる．この交点を三角形の垂心という．

・例題 6・　平行四辺形 ABCD の辺 AB, AD 上の点を E, F とし，円 AEF と AC との交点を G とすれば

$$AB\cdot AE+AD\cdot AF = AC\cdot AG$$

である．

・着想・

$$AB\cdot AE = AG\cdot x,\quad AD\cdot AF = AG\cdot y$$

のように変形して $x+y = AC$ がいえればよい．

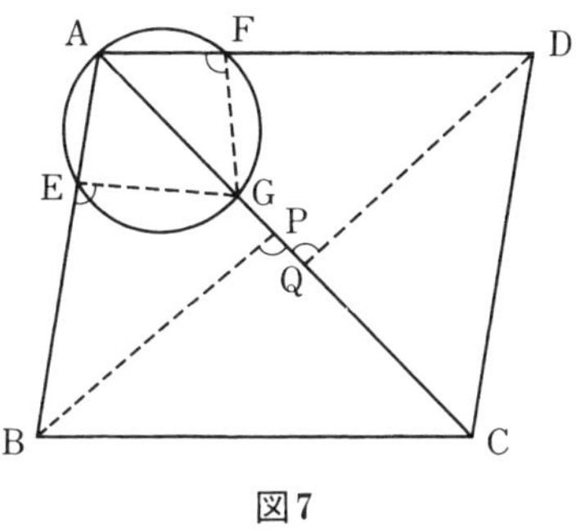

図 7

・解・　円 BEG，円 DFG をえがき AC と再び交わる点を P, Q とすると，方べきの定理により

$$AB\cdot AE = AG\cdot AP,$$
$$AD\cdot AF = AG\cdot AQ$$

よって

$$\begin{aligned} AB\cdot AE+AD\cdot AF &= AG\cdot AP+AG\cdot AQ \\ &= AG\cdot (AP+AQ) \qquad (1) \end{aligned}$$

$$\angle BPC = \angle BEG = \angle AFG = \angle AQD$$

また

$$\angle BCP = \angle DAQ,\quad BC = DA,$$

よって

$$\triangle BCP \equiv \triangle DAQ$$

ゆえに $PC = AQ$, したがって

$$AP + AQ = AP + PC = AC$$

これと(1)から

$$AB \cdot AE + AD \cdot AF = AG \cdot AC.$$

・例題7・　円に内接する四辺形 ABCD の対辺 AB, CD；AD, BC の延長の交点 E, F からこの円にひいた接線の接点を P, Q とすれば

$$EP^2 + FQ^2 = EF^2$$

である．

・着想・　$EP^2 = EF \cdot x, \quad FQ^2 = EF \cdot y$

のように変形し $x + y = EF$ がいえればよい．

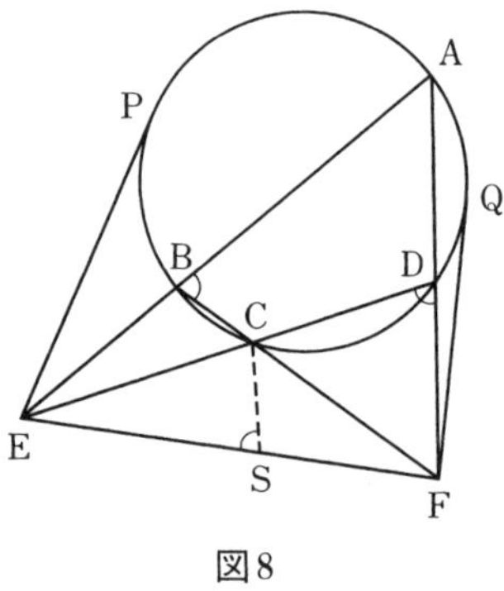

図8

・解・　円 FCD と EF の交点を S とすれば方べきの定理により

$$EP^2 = EC \cdot ED = ES \cdot EF$$

また

$$\angle \mathrm{ESC} = \angle \mathrm{CDF} = \angle \mathrm{CBA}$$

であるから，4 点 E, S, C, B は同一円周上にある．よって

$$\mathrm{FQ}^2 = \mathrm{FC}\cdot\mathrm{FB} = \mathrm{FS}\cdot\mathrm{FE}$$

ゆえに

$$\begin{aligned}\mathrm{EP}^2+\mathrm{FQ}^2 &= \mathrm{ES}\cdot\mathrm{EF}+\mathrm{FS}\cdot\mathrm{FE}\\ &= (\mathrm{ES}+\mathrm{FS})\cdot\mathrm{EF}\\ &= \mathrm{EF}^2\end{aligned}$$

・例題 8・　△ABC の辺 BC の中点を M とすれば

$$\mathrm{AB}^2+\mathrm{AC}^2 = 2\,\mathrm{AM}^2+2\,\mathrm{BM}^2$$

である．この中線定理を方べきの定理を用いて証明せよ．

・着想・

$$\mathrm{AB}^2 = \mathrm{AM}\cdot(\mathrm{AM}+x),\ \ \mathrm{AC}^2 = \mathrm{AM}\cdot(\mathrm{AM}+y)$$

と変形したとき $\mathrm{AM}\cdot(x+y) = 2\,\mathrm{BM}^2$ がいえればよい．

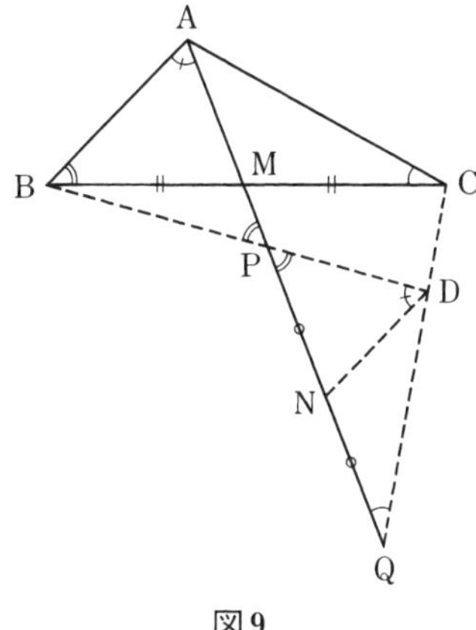

図 9

・解・　A から M に向かう半直線 AM 上に点 P, Q を

$$\angle APB = \angle ABM, \qquad \angle AQC = \angle ACM$$

であるようにとれば，AB, AC はそれぞれ円 BPM，円 CMQ に接するから

$$\begin{aligned} AB^2 &= AM \cdot AP \\ &= AM \cdot (AM + MP) \\ &= AM^2 + AM \cdot MP \qquad (1) \\ AC^2 &= AM \cdot AQ \\ &= AM \cdot (AM + MQ) \\ &= AM^2 + AM \cdot MQ \qquad (2) \end{aligned}$$

(1), (2) から

$$AB^2 + AC^2 = 2AM^2 + AM \cdot (MP + MQ) \qquad (3)$$

BP，CQ の交点を D とすると

$$\angle DPQ = \angle APB = \angle ABM,$$
$$\angle DQP = \angle CQA = \angle ACM$$

より

$$\triangle DPQ \backsim \triangle ABC \qquad (4)$$

また $\angle PDQ = \angle BAC$ より，4 点 A, B, D, C は共円である．

PQ の中点を N とすると，(4) により

$$\begin{aligned} PN : BM &= \frac{1}{2}PQ : \frac{1}{2}BC \\ &= PQ : BC \\ &= PD : BA \end{aligned}$$

これと $\angle DPN = \angle ABM$ から

$$\triangle DPN \backsim \triangle ABM$$

よって $\angle PDN = \angle BAM$ であるから 4 点 A, B, N, D は同一円周上にある．これと A, B, D, C の共円から 5 点 A, B, N, D,

C は共円である．よって

$$\mathrm{AM}\cdot\mathrm{MN}=\mathrm{BM}\cdot\mathrm{MC}=\mathrm{BM}^2,$$

また PN ＝ NQ より

$$\mathrm{MP}+\mathrm{MQ}=2\,\mathrm{MN}$$

がいえるから(3)より

$$\mathrm{AB}^2+\mathrm{AC}^2=2\,\mathrm{AM}^2+2\,\mathrm{BM}^2$$

である．

10 三角形の五心

三角形の五心とは，重心，外心，内心，傍心，垂心の五つをいう．

・定理1・　△ABC の辺 BC, CA, AB の中点を D, E, F とすれば，中線 AD, BE, CF は1点 G で交わる．G を △ABC の**重心**という．

このとき

$$AG : GD = BG : GE = CG : GF = 2 : 1$$

である．

・定理2・　△ABC の辺 BC, CA, AB の垂直二等分線は点 O で交わる．O を△ABC の**外心**という．

このとき OA = OB = OC で，O は △ABC の外接円の中心であることがわかる．

・定理3・　△ABC の ∠A, ∠B, ∠C の2等分線は1点 I で交わる．点 I を△ABC の**内心**という．

I から BC, CA, AB への垂線の足を D, E, F とすれば

$$ID = IE = IF$$

であるから I を中心とし半径 ID の円は E, F を通り，D, E, F においてそれぞれ BC, CA, AB に接する．この円を△ABC の内接円という．

・定理 4・ △ABC の ∠A の 2 等分線，∠B, ∠C の外角の 2 等分線は 1 点 I′ で交わる．同様に ∠B の 2 等分線，∠C, ∠A の外角の 2 等分線は 1 点 I″ で交わり，∠C の 2 等分線，∠A, ∠B の外角の 2 等分線は 1 点 I‴ で交わる．I′, I″, I‴ を△ABC の**傍心**という．

傍心は，三角形の 1 辺と他の 2 辺の延長に接する円，すなわち傍接円の中心である．三角形は三つの傍心と三つの傍接円をもつ．

・定理 5・ △ABC の頂点 A, B, C から対辺への垂線の足を D, E, F とすれば，AD, BE, CF は 1 点 H で交わる．H を △ABC の**垂心**という．

・証明・ 鋭角三角形の場合について証明する．BE, CF の交点を H とする．B, C, E, F および A, F, H, E はそれぞれ共円であるから

$$\angle FCB = \angle FEB = \angle FEH = \angle FAH,$$

AH と BC の交点を D′ とすれば

$$\angle HCD' = \angle FCB = \angle FAH$$

から

$$\angle HD'C = \angle AFH = \angle R$$

よって AD′⊥BC で D′ は D に一致し，AD, BE, CF の共点がわかる．（鋭角三角形でない場合も同様に証明できる．）

・例題1・　△ABCの重心Gを通る直線が辺AB, ACと交わる点をD, Eとすれば

$$\frac{\mathrm{DB}}{\mathrm{AD}}+\frac{\mathrm{EC}}{\mathrm{AE}}=1$$

である．

・着想・

$$\frac{\mathrm{DB}}{\mathrm{AD}}=\frac{y}{x},\qquad \frac{\mathrm{EC}}{\mathrm{AE}}=\frac{z}{x}$$

の形に変形し $y+z=x$ を示す．

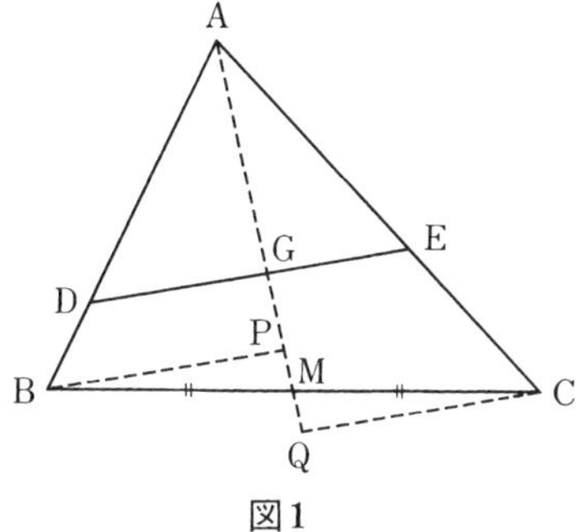

図1

・解・　B, Cを通ってDEに平行な直線をひきAGとの交点をP, Qとし，AGとBCの交点をMとする．

$$\frac{\mathrm{DB}}{\mathrm{AD}}=\frac{\mathrm{GP}}{\mathrm{AG}},\qquad \frac{\mathrm{EC}}{\mathrm{AE}}=\frac{\mathrm{GQ}}{\mathrm{AG}}$$

だから

$$\frac{\mathrm{DB}}{\mathrm{AD}}+\frac{\mathrm{EC}}{\mathrm{AE}}=\frac{\mathrm{GP}+\mathrm{GQ}}{\mathrm{AG}} \tag{1}$$

またBP∥DE∥CQよりBP∥CQだから

$$\mathrm{PM}:\mathrm{MQ}=\mathrm{BM}:\mathrm{MC}=1:1.$$

よって PM = MQ, したがって

$$GP+GQ = (GM-PM)+(GM+MQ) = 2\,GM$$

G は重心だから

$$AG = 2\,GM$$

よって

$$GP+GQ = AG$$

これと(1)から

$$\frac{DB}{AD}+\frac{EC}{AE} = 1.$$

・例題 2・　△ABC の内心を I とし，直線 AI が△ABC の外接円と再び交わる点を M とすれば，MI = MB = MC である.

・着想・　MI = MB をいうには ∠MIB = ∠MBI をいえばよい.

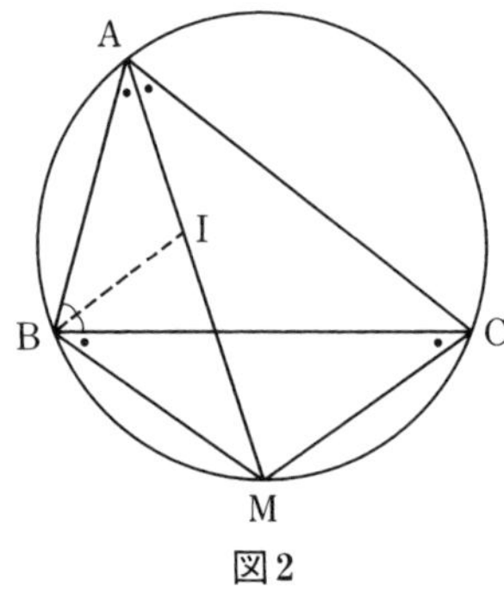

図 2

・解・　I は内心であるから

$$\angle BAI = \angle IAC \qquad (1)$$

$$\angle ABM = \angle IBC \qquad (2)$$

(1)から

$$\angle \mathrm{BCM} = \angle \mathrm{BAM} = \angle \mathrm{MAC} = \angle \mathrm{MBC}$$

よって

$$\mathrm{MB} = \mathrm{MC}.$$

(1), (2)から

$$\begin{aligned}\angle \mathrm{MIB} &= \angle \mathrm{BAI} + \angle \mathrm{ABI}\\ &= \angle \mathrm{IAC} + \angle \mathrm{IBC}\\ &= \angle \mathrm{MBC} + \angle \mathrm{IBC}\\ &= \angle \mathrm{MBI}\end{aligned}$$

よって

$$\mathrm{MI} = \mathrm{MB}$$

したがって

$$\mathrm{MI} = \mathrm{MB} = \mathrm{MC}$$

・附言・　$\angle$A 内の傍心を I′ とすれば

$$\mathrm{MI'} = \mathrm{MB} = \mathrm{MC}$$

である.

・例題 3・　円に内接する四角形 ABCD がある. △ABC, △BCD, △CDA, △DAB の内心を P, Q, R, S とすれば, 四角形 PQRS は長方形である.

・着想・　例題 2 の性質を利用する.

・解・　CP が再び円と交わる点を L とすれば例題 2 により L は弧 AB の中点で LP = LA = LB である. 同様に DS が再び円と交わる点は L で LS = LA = LB である. よって P, S, A, B は同一円周上にあるから

$$\angle \mathrm{BSP} = \angle \mathrm{BAP} \qquad (1)$$

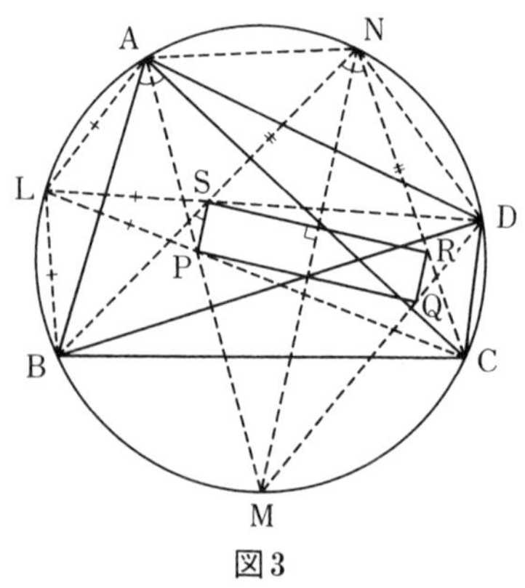

図3

AP, BS が再び円と交わる点を M, N とすれば

$$\angle \mathrm{BNM} = \angle \mathrm{BAM} = \angle \mathrm{BAP}$$

であるから(1)より $\angle \mathrm{BSP} = \angle \mathrm{BNM}$, よって

$$\mathrm{SP} /\!/ \mathrm{NM}.$$

S は△DAB の内心であるから例題 2 より NS = NA = ND. また R は△CDA の内心であるから CR も N を通り NR = NA = ND. よって

$$\mathrm{NS} = \mathrm{NR}.$$

また

$$\angle \mathrm{BNM} = \angle \mathrm{BAM} = \angle \mathrm{MAC} = \angle \mathrm{MNC}$$

であるから NM は $\angle \mathrm{SNR}$ を 2 等分する. よって $\mathrm{NM} \perp \mathrm{SR}$. これと $\mathrm{SP} /\!/ \mathrm{NM}$ から

$$\mathrm{SP} \perp \mathrm{SR}.$$

同様に

$$\mathrm{SP} \perp \mathrm{PQ}, \quad \mathrm{PQ} \perp \mathrm{QR}$$

がいえるから四角形 PQRS は長方形である.

・例題4・　鋭角三角形ABCの外心Oから辺BC, CA, ABへの垂線の足をD, E, Fとし，△ABCの外接円の弧BCの中点MからABへの垂線の足をHとする．次式を証明せよ．

（1）　OE+OF = MH

（2）　△ABCの外接円の半径をR，内接円の半径をrとすれば

$$\mathrm{OD}+\mathrm{OE}+\mathrm{OF} = R+r.$$

・着想・　（1）　MH−OF = OEがいえればよい．

（2）　MH−r = R−ODを示す．

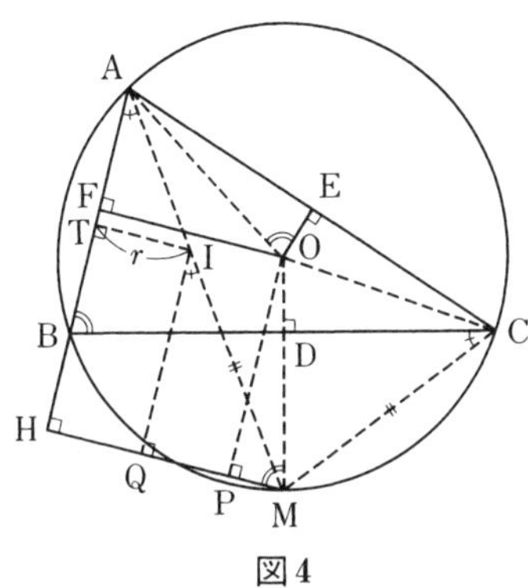

図4

・解・　（1）　Mは弧BCの中点であるからOM⊥BC，したがってO, D, Mは一直線上にある．OからMHへの垂線の足をPとすれば四辺形OFHPは長方形であるから

$$\mathrm{OF} = \mathrm{PH},$$

$$\angle \mathrm{BHM} = \angle \mathrm{BDM} = \angle R$$

から

$$\angle \mathrm{OMP} = \angle \mathrm{ABC}.$$

$OA = OC$, $OE \perp AC$ から

$$\angle AOE = \angle COE = \frac{1}{2}\angle AOC = \angle ABC$$

であるから

$$\angle OMP = \angle AOE$$

これと

$$\angle OPM = \angle AEO,$$
$$OM = OA$$

から

$$\triangle OMP \equiv \triangle OAE$$

よって $MP = OE$, したがって

$$OE+OF = MP+PH = MH.$$

（2） $\triangle ABC$ の内心を I とすれば，直線 AI は M を通り $MI = MC$. I から AB, MH への垂線の足を T, Q とすれば四角形 ITHQ は長方形であるから

$$QH = IT = r.$$

$IQ /\!/ AB$ より

$$\angle MIQ = \angle MAB = \angle MCB = \angle MCD,$$

これと

$$\angle MQI = \angle MDC, \qquad MI = MC$$

より $\triangle MIQ \equiv \triangle MCD$. よって

$$MQ = MD = OM-OD = R-OD$$

したがって

$$MH = MQ+QH = (R-OD)+r$$

これと(1)の $MH = OE+OF$ から

$$OE+OF = R-OD+r,$$

よって

$$\mathrm{OD}+\mathrm{OE}+\mathrm{OF}=R+r.$$

・附言・　$\angle \mathrm{A}>90^{\circ}$ のとき(2)の関係は

$$\mathrm{OE}+\mathrm{OF}-\mathrm{OD}=R+r$$

となる.

・例題5・　$\triangle \mathrm{ABC}$ において $\angle \mathrm{B}=2\angle \mathrm{C}$ とし，辺 AC の中点を M，$\angle \mathrm{A}$ 内の傍接円が辺 BC に接する点を D とすれば，$\angle \mathrm{A}=2\angle \mathrm{DMC}$ である.

・着想・　MD が $\angle \mathrm{A}$ の 2 等分線に平行であることを示せばよい.

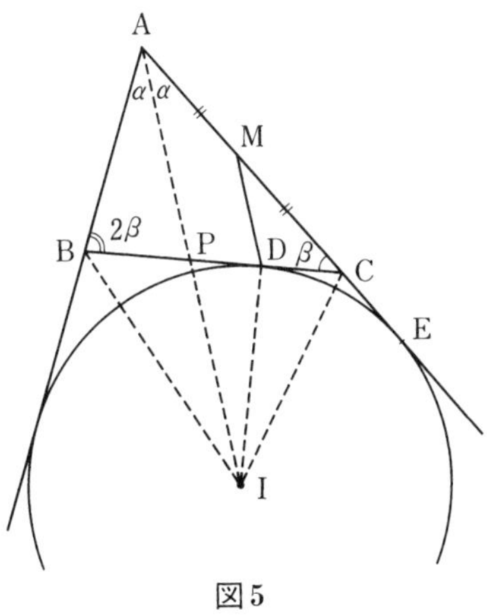

図5

・解・　この傍接円の中心を I とすれば IA は $\angle \mathrm{A}$ を 2 等分し，IB, IC は $\angle \mathrm{B}$, $\angle \mathrm{C}$ の外角を 2 等分する．$\angle \mathrm{A}=2\alpha$, $\angle \mathrm{B}=2\beta$ とおけば

$$\angle \mathrm{C}=\beta, \quad \angle \mathrm{IAC}=\alpha$$

である．AI と BC の交点を P とし，辺 AC の延長が円 I に接する点を E とする．

$$\angle \mathrm{IPC} = \angle \mathrm{PAC} + \angle \mathrm{ACP} = \alpha + \beta.$$

また

$$\angle \mathrm{ICP} = \frac{1}{2}\angle \mathrm{BCE} = \frac{1}{2}(2\alpha + 2\beta) = \alpha + \beta$$

よって

$$\angle \mathrm{IPC} = \angle \mathrm{ICP}.$$

PC は点 D で円 I に接するから $\mathrm{ID} \perp \mathrm{PC}$，したがって

$$\mathrm{PD} = \mathrm{CD},$$

$\triangle$CAP において M, D は CA, CP の中点であるから $\mathrm{MD} /\!/ \mathrm{AP}$，よって

$$\angle \mathrm{DMC} = \angle \mathrm{PAC} = \alpha$$

ゆえに

$$\angle \mathrm{BAC} = 2\angle \mathrm{DMC}.$$

・例題 6・　$\triangle$ ABC の外心を O，垂心を H，O から BC への垂線の足を M とすれば AH = 2OM である．

・着想・　OM に平行で 2OM の長さをもつ線分を作る．

・解・　$\triangle$ABC の外接円の B を通る直径を BD とすれば

$$\angle \mathrm{BCD} = \angle \mathrm{BAD} = \angle R$$

であるから

$$\mathrm{DC} \perp \mathrm{BC}, \quad \mathrm{DA} \perp \mathrm{AB}$$

これと $\mathrm{AH} \perp \mathrm{BC}$, $\mathrm{CH} \perp \mathrm{AB}$ から

$$\mathrm{DC} /\!/ \mathrm{AH}, \quad \mathrm{DA} /\!/ \mathrm{CH}$$

よって四辺形 AHCD は平行四辺形である．

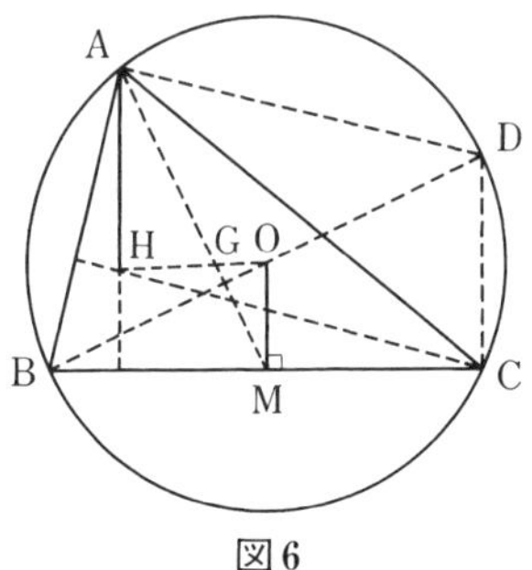

図6

したがって AH ＝ DC．O は BD の中点で OM // DC であるから DC ＝ 2OM である．

よって AH ＝ 2OM である．

・附言・　AM と HO の交点を G とすると，AH // OM から

$$AG : GM = AH : OM = 2 : 1.$$

M は BC の中点だから G は△ABC の重心，よって△ABC の垂心，重心，外心は一直線上にある．この直線は Euler 線(オイラー線)といわれる．

・例題 7・　△ABC の垂心 H を通る直線と AB, AC との交点を D, E とし，H において DE に立てた垂線と BC との交点を P とすれば

$$DH : HE = BP : PC$$

である．

・着想・　DH : HE を BP : PC に近づける目的で，E を通り AB に平行な直線と BH との交点を F とすれば，DH : HE ＝ BH : HF となるから，HP // FC がいえればよい．

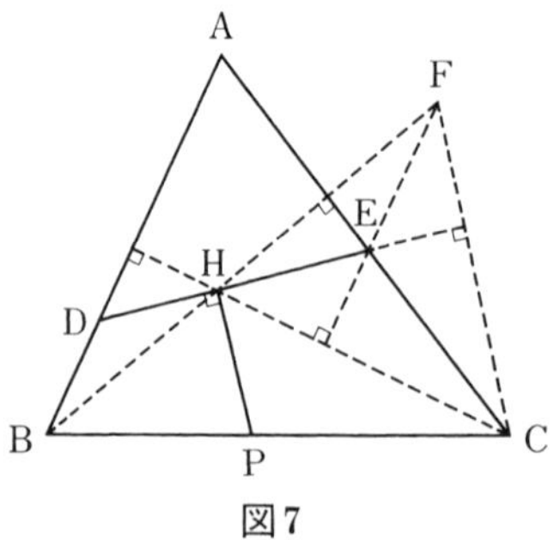

図7

・解・　E を通り AB に平行な直線をひき BH との交点を F とすると，AB⊥CH より EF⊥CH である．

また AC⊥BH だから CE⊥HF, したがって E は△HCF の垂心であるから HE⊥CF である．ところで HE⊥HP だから

$$\mathrm{HP} /\!/ \mathrm{FC}.$$

AB∥EF より BD∥EF．よって

$$\mathrm{DH} : \mathrm{HE} = \mathrm{BH} : \mathrm{HF}$$

また HP∥FC より

$$\mathrm{BH} : \mathrm{HF} = \mathrm{BP} : \mathrm{PC}$$

ゆえに

$$\mathrm{DH} : \mathrm{HE} = \mathrm{BP} : \mathrm{PC}.$$

・問題・　△ABC の辺 BC の中点を M とし，垂心 H から AM への垂線の足を D とすれば，D, H, B, C は同一円周上にある．

・ヒント・　AM の延長上に E を AM = ME にとれば，5 点 B, E, C, H, D は共円である．

11 着想のいろいろ

一つの問題も，考え方や，目のつけどころの違いによって，いろいろな方法によって解かれる．そこで今回は一つの問題をいろいろな方法で解いてみよう．

最初は例題の作成である．

円Oに内接する四角形EFGHにおいて，中心Oがこの四角形の内部にあるとして，Oから辺EF, FG, GH, HEへの垂線の足をA, B, C, Dとすると，A, B, C, Dはそれぞれ辺の中点である．

O, A, F, B；O, B, G, Cはそれぞれ共円で$\mathrm{OF}=\mathrm{OG}$であるから

$$\angle\mathrm{OAB}=\angle\mathrm{OFB}=\angle\mathrm{OGB}=\angle\mathrm{OCB}.$$

またO, B, G, C；O, C, H, Dはそれぞれ共円で$\mathrm{OG}=\mathrm{OH}$であるから

$$\angle\mathrm{OBC}=\angle\mathrm{OGC}=\angle\mathrm{OHC}=\angle\mathrm{ODC}$$

である．

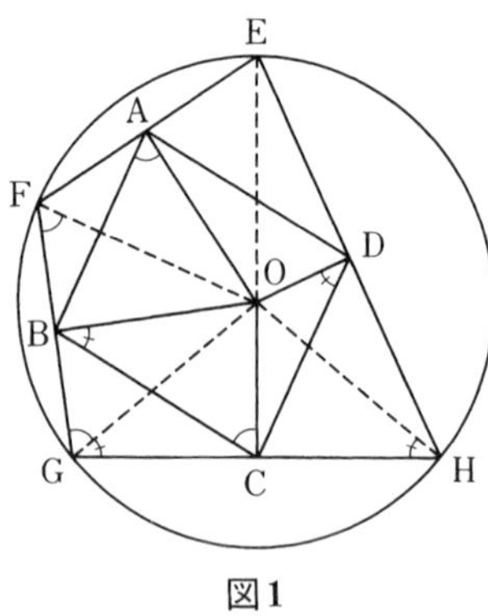

図1

A, B, C, D は辺 EF, FG, GH, HE の中点であるから四辺形 ABCD は平行四辺形である．そうすると平行四辺形 ABCD 内の点 O に対して

$$\angle OAB = \angle OCB$$

および

$$\angle OBC = \angle ODC$$

が成立していることになる．それではこの二つの条件は独立のものか，非独立のものか．つまり $\angle OAB = \angle OCB$ でも必ずしも $\angle OBC = \angle ODC$ とは限らないのか，あるいは $\angle OAB = \angle OCB$ ならば，つねに $\angle OBC = \angle ODC$ となるのかどうか．これをつぎに考えてみる．

平行四辺形 ABCD 内の点 O に対して $\angle OAB = \angle OCB$ とし，B において OB に立てた垂線と，A, C においてそれぞれ OA, OC に立てた垂線との交点を F, G とする．線分 FA, GC の延長上に，それぞれ E, H を FA = AE，GC = CH にとれば OE = OF, OH = OG である．O, A, F, B；O, B, G, C はそれぞれ共円であるから

$$\angle OFB = \angle OAB = \angle OCB = \angle OGB,$$

よって

$$OF = OG.$$

したがってBはFGの中点である．

EHの中点をD′とすれば四辺形ABCD′は平行四辺形であるからD′はDに一致する．すなわちDはEHの中点である．$OE = OF = OG = OH$ から $OE = OH$ で，したがって

$$OD \perp EH$$

である．O, B, G, C；O, C, H, Dはそれぞれ共円で，$OG = OH$ であるから，

$$\angle OBC = \angle OGC = \angle OHC = \angle ODC.$$

すなわち $\angle OAB = \angle OCB$ ならば $\angle OBC = \angle ODC$ であることがわかった．これを定理とする．

・定理・　平行四辺形ABCD内の点をOとするとき $\angle OAB = \angle OCB$ ならば $\angle OBC = \angle ODC$ である．

これは新しい定理ではなく，今から70年以上も前の受験参考書にものっていた問題である．上に述べたことは，問題が上のような研究から得られたのではないかとの筆者の想像である．この定理をいろいろな方法で解くのが本稿の目的である．

すでに一つの解法を示してあるが次のものから解に番号をつける．

・解1・　$\angle OAB = \angle OCB$ がOBに関して反対側にあるので動きがとれない．同側ならば共円の定理が使える．そこで $\angle OAB$ か $\angle OCB$ をOBの反対側に移すことを考える．

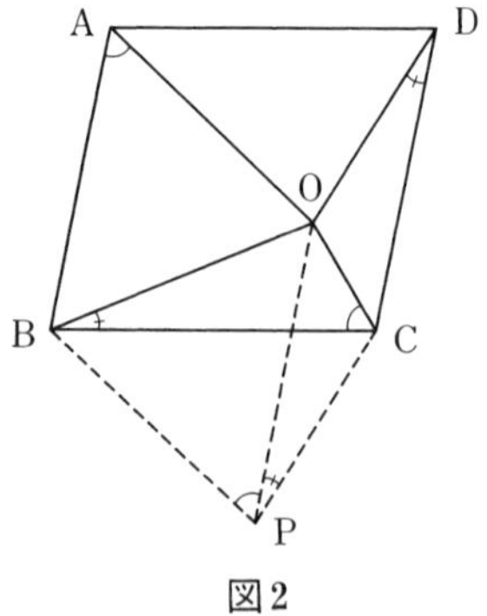

図2

O, B を通ってそれぞれ AB, AO に平行な直線をひき，その交点を P とすると，四辺形 ABPO は平行四辺形であるから

$$OP /\!/ AB, \qquad OP = AB.$$

また四辺形 ABCD は平行四辺形であるから

$$AB /\!/ DC, \qquad AB = DC.$$

よって $OP /\!/ DC$, $OP = DC$. ゆえに四辺形 OPCD は平行四辺形である．したがって

$$\angle OPC = \angle ODC. \tag{1}$$

四辺形 OABP は平行四辺形であるから

$$\angle OPB = \angle OAB = \angle OCB,$$

よって O, B, P, C は共円で，

$$\angle OBC = \angle OPC. \tag{2}$$

(1), (2) から

$$\angle OBC = \angle ODC.$$

・附言・　この解法は昔の受験参考書にのっていたもので，この問題は平行移動による解法の例題としてよく用いられた．

・解 2・　今度は対称移動による角の移動を試みる．

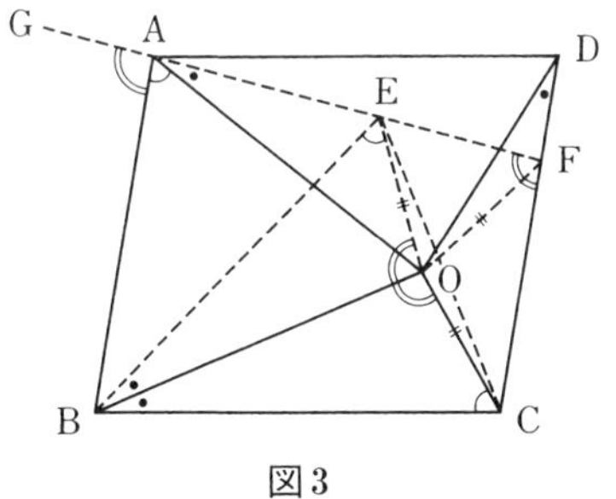

図3

CのBOに関する対称点をE, AEとCDの交点をF, またAEのAをこえた延長上の点をGとする.

$$\angle OEB = \angle OCB = \angle OAB$$

からA, B, O, Eは共円であるから

$$\angle AFC = \angle GAB = \angle EOB = \angle COB.$$

よって

$$\angle EOC \quad (\text{図では優角})$$
$$= 2\angle EOB = 2\angle EFC.$$

これとOE = OCからOは△CEFの外心である. よって

$$OF = OC.$$

ゆえに

$$\angle OFC = \angle OCF = \angle BCD - \angle OCB$$
$$= \angle BAD - \angle OAB = \angle OAD.$$

よってD, A, O, Fは共円であるから

$$\angle ODC = \angle ODF = \angle OAF = \angle OAE$$
$$= \angle OBE = \angle OBC.$$

すなわち

$$\angle OBC = \angle ODC.$$

・解3・　$\angle$OCB に等しい角を OB に関して C の反対側に作る目的で BC 上に P を OP = OC にとると,

$$\angle \mathrm{OPC} = \angle \mathrm{OCB} = \angle \mathrm{OAB}.$$

よって O, A, P, B は共円である.

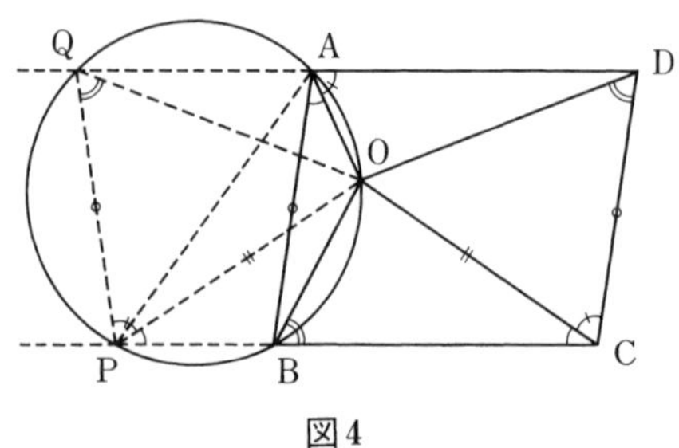

図4

この円と直線 AD との交点を Q とすると AQ // BP より $\angle$QAP = $\angle$APB であるから

$$\mathrm{PQ} = \mathrm{BA}.$$

よって

$$\mathrm{PQ} = \mathrm{CD}. \tag{1}$$

$$\angle \mathrm{OPQ} = \angle \mathrm{OAD} = \angle \mathrm{BAD} - \angle \mathrm{OAB}$$
$$= \angle \mathrm{BCD} - \angle \mathrm{OCB} = \angle \mathrm{OCD}.$$

これと OP = OC と(1)から

$$\triangle \mathrm{OPQ} \equiv \triangle \mathrm{OCD}.$$

よって

$$\angle \mathrm{OQP} = \angle \mathrm{ODC}.$$

また

$$\angle \mathrm{OQP} = \angle \mathrm{OBC}.$$

ゆえに

$$\angle \mathrm{OBC} = \angle \mathrm{ODC}.$$

・解 4・　$\angle \mathrm{OAB} = \angle \mathrm{OCB}$ を同側に見るような線分を探す．このために AO と BC，AB と CO の交点を X, Y とすれば

$$\angle \mathrm{XAY} = \angle \mathrm{OAB} = \angle \mathrm{OCB} = \angle \mathrm{YCX}$$

であるから A, Y, X, C は共円である．よって

$$\angle \mathrm{OXY} = \angle \mathrm{AXY} = \angle \mathrm{ACY} = \angle \mathrm{ACO},$$
$$\angle \mathrm{YXB} = \angle \mathrm{BAC} = \angle \mathrm{ACD}.$$

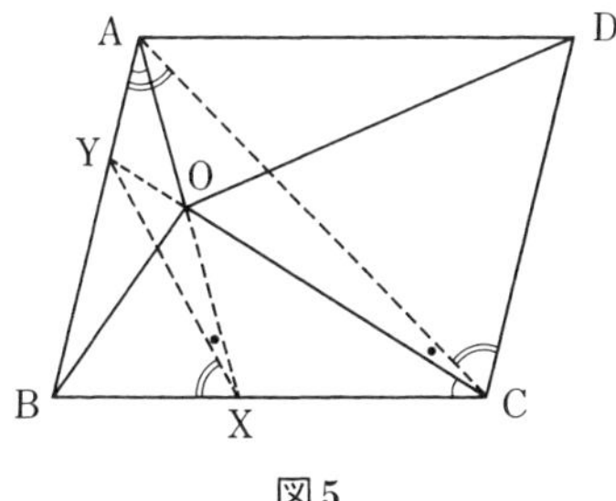

図 5

この 2 式を辺々加えて

$$\angle \mathrm{OXB} = \angle \mathrm{OCD}. \qquad (1)$$

また $\angle \mathrm{YXB} = \angle \mathrm{ACD}$ と $\angle \mathrm{YBX} = \angle \mathrm{ADC}$ から

$$\triangle \mathrm{YBX} \backsim \triangle \mathrm{ADC}.$$

よって

$$\mathrm{BX} : \mathrm{DC} = \mathrm{YX} : \mathrm{AC}.$$

また $\triangle \mathrm{OXY} \backsim \triangle \mathrm{OCA}$ から

$$\mathrm{OX} : \mathrm{OC} = \mathrm{YX} : \mathrm{AC}.$$

ゆえに

$$\mathrm{BX} : \mathrm{DC} = \mathrm{OX} : \mathrm{OC}. \qquad (2)$$

(1), (2) から

$$\triangle \mathrm{OBX} \backsim \triangle \mathrm{ODC}.$$

よって

$$\angle OBX = \angle ODC,$$

すなわち

$$\angle OBC = \angle ODC.$$

・附言・

$$\triangle BXY \backsim \triangle DCA,$$

$$\triangle OXY \backsim \triangle OCA$$

から四辺形 BXOY と四辺形 DCOA は相似であることがわかる.

・解 5・ AB∥CD を利用して ∠OAB を移動する. AO と CD との交点を E とすれば, ∠OAB = ∠OED より△OCB ∽ △OED となるはずである.

OE と BC との交点を F とすれば

$$\angle OCF = \angle OAB = \angle OEC$$

より△OCF ∽ △OEC がいえるから

$$OC : OE = CF : CE. \qquad (1)$$

△CEF∽△DEA と DA = CB から

$$CF : CE = DA : DE = CB : DE \qquad (2)$$

(1), (2)から

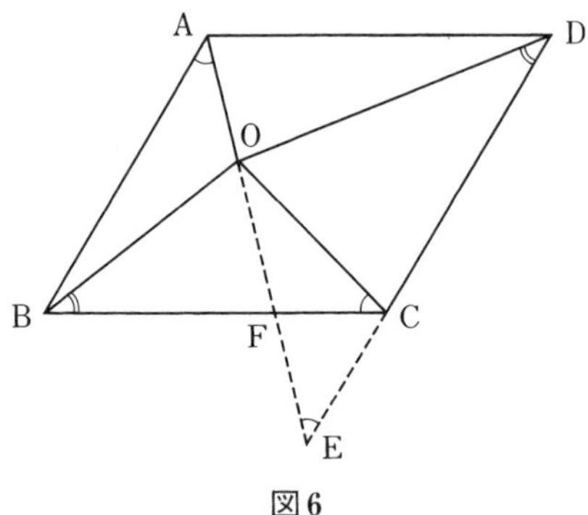

図 6

$$\mathrm{OC} : \mathrm{OE} = \mathrm{CB} : \mathrm{DE}.$$

これと $\angle\mathrm{OCB} = \angle\mathrm{OED}$ から

$$\triangle\mathrm{OCB} \backsim \triangle\mathrm{OED}.$$

よって

$$\angle\mathrm{OBC} = \angle\mathrm{ODE},$$

すなわち

$$\angle\mathrm{OBC} = \angle\mathrm{ODC}.$$

・解 6・　平行線の特徴を利用する．

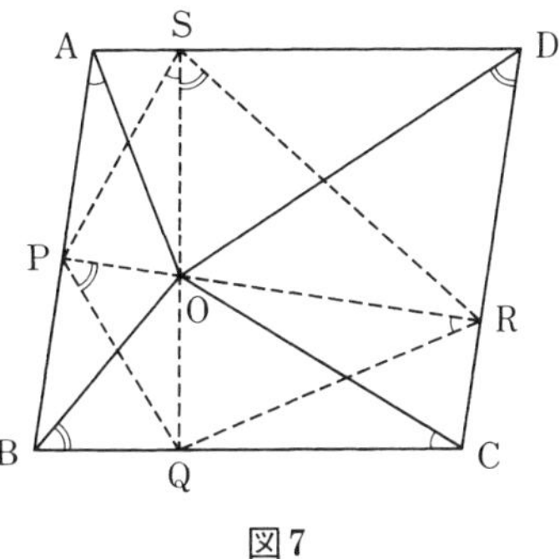

図 7

O から AB, BC, CD, DA への垂線の足を P, Q, R, S とすれば，AB // CD, BC // AD から P, O, R ; Q, O, S はそれぞれ共線である．A, P, O, S ; C, R, O, Q はそれぞれ共円であるから

$$\angle\mathrm{PSQ} = \angle\mathrm{PSO} = \angle\mathrm{PAO} = \angle\mathrm{BAO},$$

$$\angle\mathrm{PRQ} = \angle\mathrm{ORQ} = \angle\mathrm{OCQ} = \angle\mathrm{OCB}.$$

$$\angle\mathrm{BAO} = \angle\mathrm{OAB} = \angle\mathrm{OCB}$$

から

$$\angle\mathrm{PSQ} = \angle\mathrm{PRQ}.$$

よって S, P, Q, R は共円である．また O, P, B, Q ; O, R, D, S

 は共円であるから

$$\angle \mathrm{OBC} = \angle \mathrm{OBQ} = \angle \mathrm{OPQ}$$
$$= \angle \mathrm{RPQ} = \angle \mathrm{RSQ}$$
$$= \angle \mathrm{RSO} = \angle \mathrm{RDO}$$
$$= \angle \mathrm{CDO} = \angle \mathrm{ODC}.$$

よって

$$\angle \mathrm{OBC} = \angle \mathrm{ODC}.$$

・解7・　平行線の特徴を利用する.

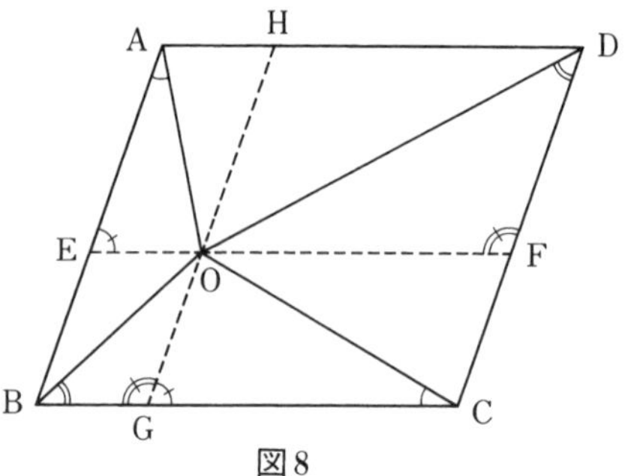

図8

Oを通ってBC, ABに平行な直線をひきAB, CD；BC, ADとの交点をそれぞれE, F；G, HとすればAD // BC, AB // CDから

$$\mathrm{EF} /\!/ \mathrm{AD}, \qquad \mathrm{GH} /\!/ \mathrm{CD}$$

である.

$$\angle \mathrm{OAE} = \angle \mathrm{OAB} = \angle \mathrm{OCB} = \angle \mathrm{OCG},$$
$$\angle \mathrm{AEO} = \angle \mathrm{ABC} = \angle \mathrm{OGC}$$

から

$$\triangle \mathrm{AEO} \backsim \triangle \mathrm{CGO}.$$

よって

$$\mathrm{AE} : \mathrm{CG} = \mathrm{EO} : \mathrm{GO}.$$

平行四辺形の性質から

$$\mathrm{AE} = \mathrm{DF}, \quad \mathrm{CG} = \mathrm{FO}, \quad \mathrm{EO} = \mathrm{BG}$$

であるから

$$\mathrm{DF} : \mathrm{FO} = \mathrm{BG} : \mathrm{GO}.$$

また

$$\angle \mathrm{DFO} = \angle \mathrm{DCB} = \angle \mathrm{OGB}.$$

よって

$$\triangle \mathrm{DFO} \backsim \triangle \mathrm{BGO}.$$

ゆえに

$$\angle \mathrm{ODF} = \angle \mathrm{OBG},$$

すなわち

$$\angle \mathrm{OBC} = \angle \mathrm{ODC}.$$

・解 8・　$\angle \mathrm{OAB} = \angle \mathrm{OCB}$ から円 OAB, OCB は等円，同様に円 OAD, OCD も等円である．もし $\angle \mathrm{OBC} = \angle \mathrm{ODC}$ ならば円 OBC, OCD も等円となるはずである．よってこれら 4 円はすべて等円となるはずである．この性質を利用して証明できな

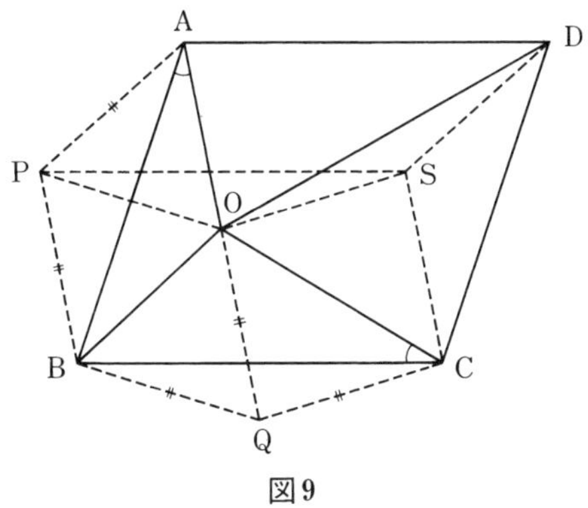

図 9

 いかを考えてみる．

△OAB, △OCB の外心を P, Q とする．

$$\angle \mathrm{OPB} = 2\angle \mathrm{OAB} = 2\angle \mathrm{OCB} = \angle \mathrm{OQB},$$

$$\mathrm{PO} = \mathrm{PB}, \quad \mathrm{QO} = \mathrm{QB}$$

より

$$\triangle \mathrm{POB} \equiv \triangle \mathrm{QOB}.$$

よって

$$\mathrm{OP} = \mathrm{OQ} = \mathrm{BQ} = \mathrm{BP}.$$

ゆえに四辺形 OPBQ は菱形である．P, C を通って BC, BP に平行な直線をひき，その交点を S とすると，

$$\mathrm{PS} /\!/ \mathrm{BC} /\!/ \mathrm{AD}, \quad \mathrm{PS} = \mathrm{BC} = \mathrm{AD}$$

より四辺形 APSD は平行四辺形で

$$\mathrm{SD} = \mathrm{PA} = \mathrm{PO} = \mathrm{QO},$$

また

$$\mathrm{SC} = \mathrm{PB} = \mathrm{OQ}, \quad \mathrm{SC} /\!/ \mathrm{PB} /\!/ \mathrm{OQ}$$

から四辺形 SOQC は平行四辺形となるから

$$\mathrm{SO} = \mathrm{CQ} = \mathrm{OQ} = \mathrm{SC},$$

したがってこれは菱形である．

SD = SO = SC であるから S は△OCD の外心で

$$2\angle \mathrm{ODC} = \angle \mathrm{OSC} = \angle \mathrm{OQC} = 2\angle \mathrm{OBC}.$$

これから

$$\angle \mathrm{OBC} = \angle \mathrm{ODC}.$$

問題の解答

•**1**•　$\angle DAB = \angle ABC = \alpha$ とし AD, BC の交点を O とする．D を通り CB に平行な直線と AB との交点を S とすると $\angle DSA = \angle CBA = \alpha$ より $DS = DA = DC$，よって

$$EM : ED = MB : DS = CM : CD.$$

よって CE は $\angle MCD$ の外角を 2 等分する．EC と OD の交点を T とし

$$\angle DCT = \angle OCT = \angle BCE = y, \quad \angle DAC = \angle DCA = x$$

とおくと $\triangle OAC$ と $\triangle OAB$ の内角の和は等しく $\angle O$ は両者に共

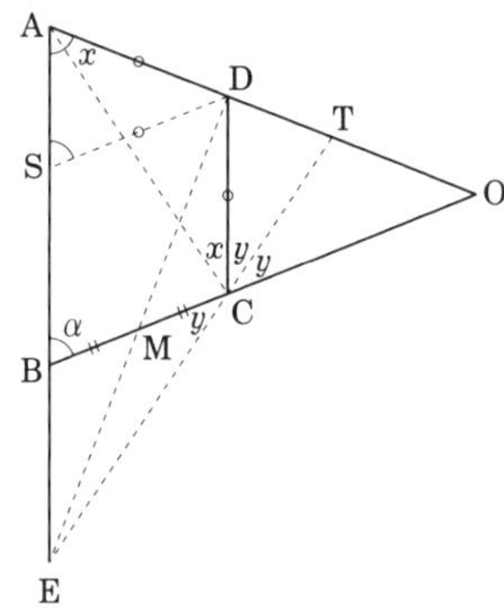

通であるから $2x+2y=2\alpha$.

$$\therefore\quad x+y=\alpha,\ x=\alpha-y=\angle\mathrm{CBA}-\angle\mathrm{BCE}=\angle\mathrm{BEC}.$$

$$\therefore\quad \angle\mathrm{BEC}=\angle\mathrm{DAC}.$$

・2・ 仮定から $\angle\mathrm{ABD}=20^\circ$, $\angle\mathrm{ACB}=80^\circ$, $\angle\mathrm{ACE}=10^\circ$, $\angle\mathrm{BFC}=70^\circ$ がいえる．よって $\mathrm{BF}=\mathrm{BC}$. EA 上に P を $\angle\mathrm{FPB}=30^\circ$ にとり F の AB に関する対称点を Q とすれば，$\triangle\mathrm{PQF}$ は正三角形である．また $\angle\mathrm{QBF}=20^\circ\times 2=40^\circ=\angle\mathrm{CBF}$, $\mathrm{BQ}=\mathrm{BF}=\mathrm{BC}$ より $\triangle\mathrm{BQF}\equiv\triangle\mathrm{BCF}$.

ゆえに　$\mathrm{QF}=\mathrm{FC}$, よって $\mathrm{PF}=\mathrm{FC}$.

$$\angle\mathrm{EFP}=\angle\mathrm{BEC}-\angle\mathrm{EPF}=50^\circ-30^\circ=20^\circ$$

だから

$$\angle\mathrm{FCP}=\angle\mathrm{FPC}=\angle\mathrm{EFP}\div 2=10^\circ.$$

よって $\angle\mathrm{PCE}=\angle\mathrm{ACE}$ となり P, A は一致する．ゆえに

$$\angle\mathrm{BAF}+\angle\mathrm{ABC}=30^\circ+60^\circ=90^\circ$$

よって $\mathrm{AF}\perp\mathrm{BC}$ である．

・3・ 円 k の中心を O とし，円 k に内接する台形 BCDE は $\mathrm{BE}/\!/\mathrm{CD}$ で BC, DE の交点は A である．対角線 BD, CE の交点を P とす

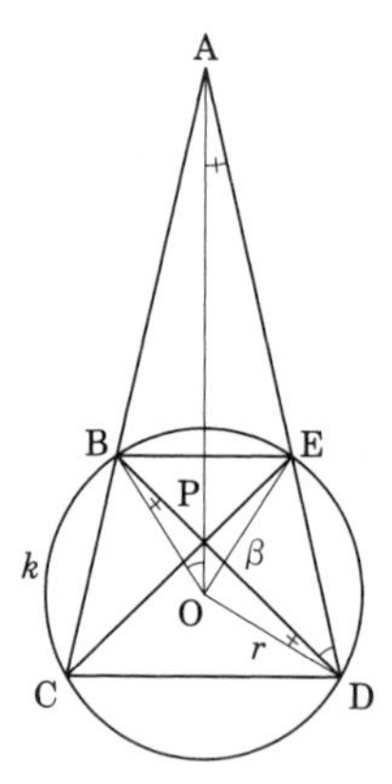

る．BE // CD だから AB = AE，PB = PE で BE の垂直２等分線は A, P, O を通る．

$$\angle \mathrm{AOB} = \angle \mathrm{BOE} \div 2 = \angle \mathrm{EDB} = \angle \mathrm{ADB}$$

から A, B, O, D は共円で

$$\angle \mathrm{ODP} = \angle \mathrm{OBD} = \angle \mathrm{OAD}.$$

よって方べきの定理から

$$\mathrm{OP} \cdot \mathrm{OA} = \mathrm{OD}^2 = r^2 \qquad (r \text{ は円 } k \text{ の半径}),$$

よって OP は一定で P は定点である．

・4・　△ABC と △A′B′C′ は対応辺が平行だから相似でかつ AA′, BB′, CC′ は１点 O で交わる．

$$\frac{\mathrm{AB}}{\mathrm{A'B'}} = \frac{\mathrm{BC}}{\mathrm{B'C'}} = \frac{\mathrm{CA}}{\mathrm{C'A'}} = k$$

とおくと

$$\frac{\mathrm{OA'}}{\mathrm{OA}} = \frac{\mathrm{OB'}}{\mathrm{OB}} = \frac{\mathrm{OC'}}{\mathrm{OC}} = \frac{\mathrm{A'B'}}{\mathrm{AB}} = \frac{1}{k}.$$

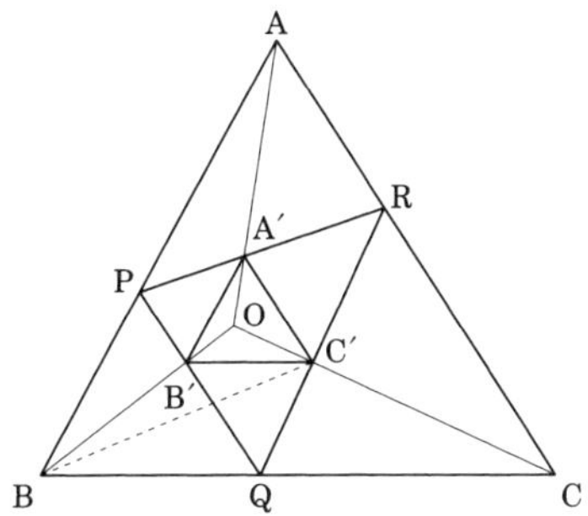

$k > 1$ である．B′C′ // BC から

$$\triangle \mathrm{QB'C'} = \triangle \mathrm{BB'C'},$$

$$\therefore \quad \frac{\triangle \mathrm{QB'C'}}{\triangle \mathrm{OB'C'}} = \frac{\triangle \mathrm{BB'C'}}{\triangle \mathrm{OB'C'}} = \frac{\mathrm{BB'}}{\mathrm{OB'}} = \frac{k-1}{1},$$

同様にして

$$\frac{\triangle \mathrm{QB'C'}}{\triangle \mathrm{OB'C'}} = \frac{\triangle \mathrm{RC'A'}}{\triangle \mathrm{OC'A'}} = \frac{\triangle \mathrm{PA'B'}}{\triangle \mathrm{OA'B'}} = \frac{k-1}{1},$$

よって

$$\frac{\triangle \mathrm{QB'C'} + \triangle \mathrm{RC'A'} + \triangle \mathrm{PA'B'}}{\triangle \mathrm{OB'C'} + \triangle \mathrm{OC'A'} + \triangle \mathrm{OA'B'}} = k-1,$$

すなわち

$$\frac{\triangle \mathrm{PQR} - \triangle \mathrm{A'B'C'}}{\triangle \mathrm{A'B'C'}} = k-1, \quad \therefore \quad \frac{\triangle \mathrm{PQR}}{\triangle \mathrm{A'B'C'}} = k = \frac{\mathrm{AB}}{\mathrm{A'B'}}$$

・5・　△APC, △QBC の内心を D, E とし内接円の半径を r_1, r_2 とする．$r_1 = r_2$ より DE∥AB，また △AQC, △PBC の内心を F, G とし内接円の半径を r_3, r_4 とする．$r_3 = r_4 \Longleftrightarrow$ FG∥AB である．

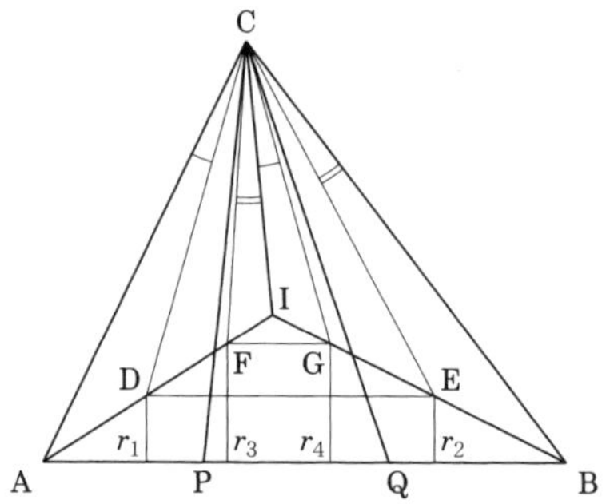

△ABC の内心を I とすれば，D, F は線分 AI 上に E, G は線分 BI 上にある．∠ACD = ∠DCP，∠PCG = ∠GCB より ∠DCG = ∠ACI = ∠ICB，よって ∠ACD = ∠ICG，同様に ∠FCE = ∠ACI = ∠ICB から ∠FCI = ∠ECB．

A を通り CI に平行な直線をひき CD, CF との交点を T, H とし，B を通り CI に平行な直線と CE, CG との交点を S, K とする．

∠ACI = ∠BCI だから

$$\angle \mathrm{CAT} = 180° - \angle \mathrm{ACI} = 180° - \angle \mathrm{BCI} = \angle \mathrm{CBK}.$$

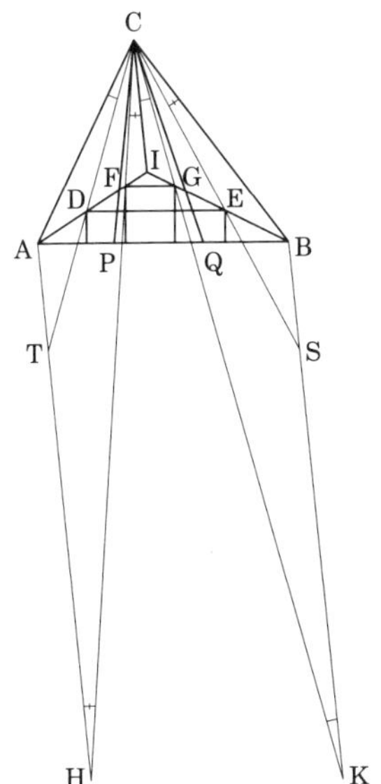

また $\angle ACT = \angle ACD = \angle ICG = \angle ICK = \angle BKC$ より

$$\triangle ACT \backsim \triangle BKC, \quad \therefore \quad AC : BK = AT : BC$$

$$\therefore \quad AC \cdot BC = AT \cdot BK$$

同様に $\triangle ACH \backsim \triangle BSC$ から

$$AC \cdot BC = AH \cdot BS,$$

よって

$$AT \cdot BK = AH \cdot BS \tag{1}$$

また

$$CI : AT = ID : DA = IE : EB = CI : BS$$

より $AT = BS$. よって(1)より $AH = BK$.

$$CI : AH = IF : FA, \quad CI : BK = IG : GB$$

だから $AH = BK$ より

$$IF : FA = IG : GB, \quad \therefore \quad FG /\!/ AB.$$

したがって $r_3 = r_4$ である.

・6・　AK, BL, CM は H で交わる．P は AH の中点で $\angle \mathrm{ALH} = 90^\circ$ より $\mathrm{PL} = \mathrm{PH}$．よって

$$\angle \mathrm{TLS} = \angle \mathrm{PLH} = \angle \mathrm{PHL}$$
$$= \angle \mathrm{BHK} = \angle \mathrm{BMK} = \angle \mathrm{BMS}.$$

よって T, M, S, L は共円で

$$\angle \mathrm{MTS} = \angle \mathrm{MLS} = \angle \mathrm{MLH} = \angle \mathrm{MAH},$$
$$\therefore\quad \mathrm{TS} /\!/ \mathrm{AH}, \qquad \therefore\quad \mathrm{TS} \perp \mathrm{BC}.$$

・7・　LK の延長上の点を E とし，ML と円 C の第 2 の交点を S, PS と MN の交点を T とする．

$$\angle \mathrm{MPN} = \angle \mathrm{MPL} - \angle \mathrm{NPL} = \angle \mathrm{MKE} - \angle \mathrm{KLN}$$
$$= \angle \mathrm{KNL} = \angle \mathrm{NML} + \angle \mathrm{NLM}$$
$$= \angle \mathrm{NML} + \angle \mathrm{NPS},$$

よって

$$\angle \mathrm{MPS} = \angle \mathrm{MPN} - \angle \mathrm{NPS} = \angle \mathrm{NML} = \angle \mathrm{TMS},$$

方べきの定理により

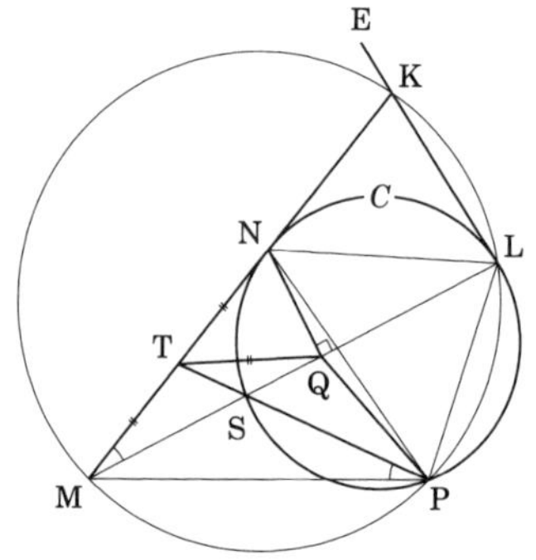

$$\mathrm{TM}^2 = \mathrm{TS} \cdot \mathrm{TP} = \mathrm{TN}^2. \qquad \therefore\quad \mathrm{TM} = \mathrm{TN}.$$

$\angle \mathrm{MQN} = 90^\circ$ より $\mathrm{TQ} = \mathrm{TM}$，よって

$$\angle \mathrm{TQM} = \angle \mathrm{TMQ} = \angle \mathrm{TPM}.$$

よってT, M, P, Qは共円で

$$\angle \mathrm{TPQ} = \angle \mathrm{TMQ} = \angle \mathrm{MPT}.$$

ゆえに

$$\angle \mathrm{MPQ} = 2\angle \mathrm{MPT} = 2\angle \mathrm{TMQ} = 2\angle \mathrm{KML}.$$

•8• $\angle \mathrm{BRQ} = \angle \mathrm{AFE} = \angle \mathrm{ACB} = \angle \mathrm{QCB}$ より B, R, C, Q は共円である．よって方べきの定理により

$$\mathrm{RD} \cdot \mathrm{DQ} = \mathrm{BD} \cdot \mathrm{DC} \qquad (1)$$

BCの中点をMとすれば

$$\mathrm{DC} - \mathrm{BD} = 2\mathrm{DM} \qquad (2)$$

AD, BE, CFは垂心で交わるからチェバの定理により

$$\frac{\mathrm{BD}}{\mathrm{DC}} \cdot \frac{\mathrm{CE}}{\mathrm{EA}} \cdot \frac{\mathrm{AF}}{\mathrm{FB}} = 1 \qquad (3)$$

またメネラウスの定理により

$$\frac{\mathrm{BP}}{\mathrm{PC}} \cdot \frac{\mathrm{CE}}{\mathrm{EA}} \cdot \frac{\mathrm{AF}}{\mathrm{FB}} = 1 \qquad (4)$$

(3), (4)より

$$\mathrm{BD} : \mathrm{DC} = \mathrm{BP} : \mathrm{PC} \qquad (5)$$

$\mathrm{BD} = x,\ \mathrm{DC} = y$ とおけば(5)より

$$x : y = (\mathrm{PD} - x) : (\mathrm{PD} + y) \qquad (6)$$

また(2)より

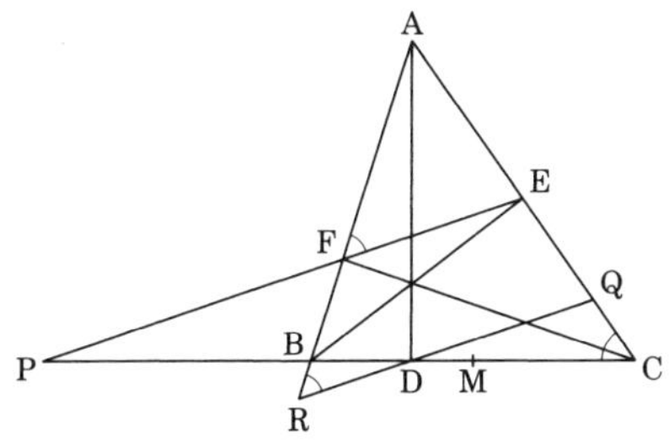

$$y-x=2\mathrm{DM} \tag{7}$$

(6), (7)より

$$\mathrm{PD}=\frac{2xy}{y-x}=\frac{\mathrm{BD}\cdot\mathrm{DC}}{\mathrm{DM}},$$

よって(1)より

$$\mathrm{PD}\cdot\mathrm{DM}=\mathrm{BD}\cdot\mathrm{DC}=\mathrm{RD}\cdot\mathrm{DQ},$$

ゆえにP, R, M, Qは共円で，△PQRの外接円はBCの中点を通る．

・9・　APとBCとの交点をGとすれば$\angle\mathrm{GPC}=\angle\mathrm{CDA}=\angle\mathrm{CAD}=\angle\mathrm{CPD}$，また$\angle\mathrm{BPC}=\angle R$よりPC, PBは∠GPDの内，外角の2等分線である．よって

$$\mathrm{BG}:\mathrm{BD}=\mathrm{PG}:\mathrm{PD}=\mathrm{GC}:\mathrm{CD}.$$

よって$\mathrm{BG}:\mathrm{GC}=\mathrm{BD}:\mathrm{CD}$．チェバの定理により

$$\frac{\mathrm{BG}}{\mathrm{GC}}\cdot\frac{\mathrm{CE}}{\mathrm{EA}}\cdot\frac{\mathrm{AF}}{\mathrm{FB}}=1$$

$$\therefore\quad\frac{\mathrm{BD}}{\mathrm{CD}}\cdot\frac{\mathrm{CE}}{\mathrm{EA}}\cdot\frac{\mathrm{AF}}{\mathrm{FB}}=1.$$

よってメネラウスの定理の逆により，D, E, Fは共線である．

・10・　円O_1, O_2の第2の交点をPとし，BI, CIのIを越えた延長上の点をそれぞれX, Yとする．

$$\angle\mathrm{BPI}=\angle\mathrm{BIY},\qquad\angle\mathrm{CPI}=\angle\mathrm{CIX},$$

$$\angle\mathrm{BIY}=\angle\mathrm{CIX}=\angle\mathrm{IBC}+\angle\mathrm{ICB}=90^\circ-\frac{1}{2}\angle\mathrm{A}.$$

ゆえに$\angle\mathrm{BPC}+\angle\mathrm{A}=180^\circ$で円ABCはPを通る．

・11・　Bを通りCAに平行にひいた直線とCD, CEとの交点をX, Yとすれば

$$\frac{\mathrm{AD}}{\mathrm{DB}}=\frac{\mathrm{AC}}{\mathrm{BX}},\qquad\frac{\mathrm{AE}}{\mathrm{EB}}=\frac{\mathrm{AC}}{\mathrm{BY}}$$

これと

$$\frac{AD}{DB}\cdot\frac{AE}{EB}=\left(\frac{AC}{CB}\right)^2 \quad \text{から} \quad BX\cdot BY=BC^2.$$

よって

$$\angle ACD=\angle CXB=\angle BCY=\angle BCE.$$

・12・ $\angle BAM=\angle MAN=\angle NAD$ とし AM と CD との交点を E とすると，$\angle NEA=\angle BAM=\angle NAE$ から NA = NE. また BM = MC から AM = ME，よって MN⊥AM. 同様に MN⊥AN. これは不可能であるから AM, AN が $\angle BAD$ を 3 等分することはできない.

・13・

$$\begin{aligned}\angle APB &= \angle APQ-\angle BPQ=\angle ACQ-\angle BDQ\\ &= \angle ACQ-\angle ADQ=\angle CQD.\end{aligned}$$

・14・ MD と BC との交点を N とすれば M は AC の中点だから N は BC の中点である. LE∥CB から，ML : LC = ME : EB. よって

$$\frac{ML}{LC}\cdot\frac{CN}{NB}\cdot\frac{BE}{EM}=1.$$

チェバの定理の逆により，BL, MN, CE は点 D で交わる. すなわち C, D, E は共線である. CE と AB の交点を F とすれば MD∥AB で M は AC の中点だから CD = DF，BD は $\angle CBF$ を 2 等分するから BD⊥FC. ∴ ED⊥BL.

・15・ L を BP の中点とすると AB = AP だから，AL⊥BP，よって AL∥CP. よって BC と AL との交点を N とすれば BN = NC. 四辺形 ANCM は平行四辺形であるから AM = NC.

$$\therefore \quad AD=BC=2NC=2AM$$

よって M は DA の中点である.

・16・　$\angle AEB = \angle ADB = 90°$ より A, B, D, E は共円．また $\angle AFC = \angle ADC = 90°$ より，A, D, C, F は共円である．よって $\angle AEF = \angle ABC$，$\angle AFE = \angle ACB$ であるから $\triangle AEF \backsim \triangle ABC$.

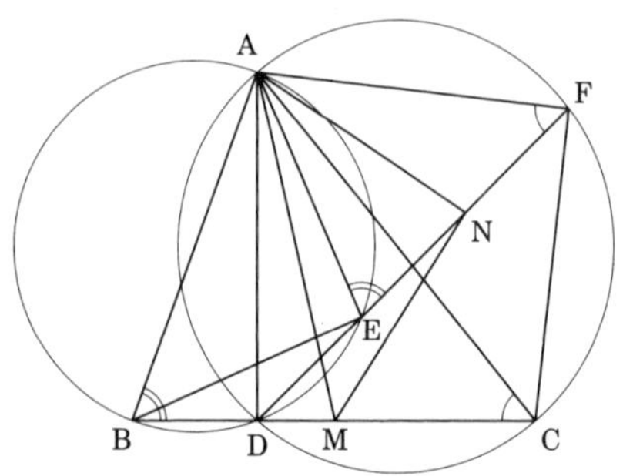

$$\therefore \quad FN : CM = FE : CB = FA : CA.$$

よって $\triangle AFN \backsim \triangle ACM$．したがって

$$\triangle ANM \backsim \triangle AFC. \quad \therefore \quad \angle ANM = \angle AFC = 90°.$$

よって $AN \perp NM$ である．

・17・　$\triangle ABC$ の外接円の中心は BC の中点 O である．AD がこの円と再び交わる点を E とすれば

$$\angle BOE = 2\angle BAE = 2\angle BAD = \angle BDA.$$

これから $\angle EOD = \angle EDO$．$\therefore$　$DE = OE$．よって

$$2DE = 2OE = BC. \quad BD \cdot DC = AD \cdot DE$$

だから

$$2BD \cdot CD = 2AD \cdot DE = AD \cdot BC.$$

$$\therefore \quad \frac{1}{AD} = \frac{1}{2}\frac{BC}{BD \cdot CD} = \frac{1}{2}\left(\frac{1}{BD} + \frac{1}{CD}\right).$$

・18・ Bを通りDEに平行な直線をひきDPとの交点をGとすると

$$DP : PG = EP : PB = AP : PC$$

より $AD /\!/ CG$. $\triangle BCG$ と $\triangle EAD$ は対応する辺が平行だから相似で $\angle CGB = \angle ADE = \angle BDC$. よってB, C, D, Gは共円である. したがって

$$\angle EAD = \angle BCG = \angle BDG = \angle BDP,$$
$$\angle CBD = \angle CGD = \angle ADP$$

である.

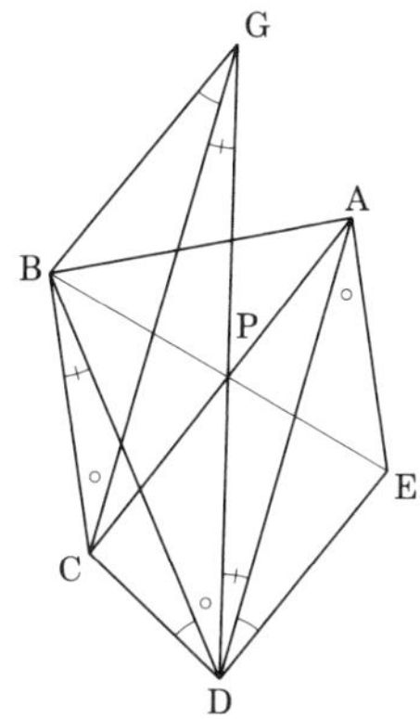

・19・ $\angle BDA = \angle CAE = \angle BAD$ より $BD = BA = CF$, かつ $BD /\!/ CF$ より四辺形DBCFは平行四辺形で $DF = BC$ である. $\angle CEA = \angle BAD = \angle CAE$ より $CE = CA$, また $CF = AB$, $\angle ECF = \angle CAB$ だから

$$\triangle CEF \equiv \triangle ACB.$$

よって $FE = BC$. ゆえに $DF = FE$ である.

・20・ Aを通りBCに平行な直線とBEとの交点をPとすると $AP : DB = AE : ED = CD : DB$ であるから $AP = CD$. したが

って四辺形 ADCP は長方形で $\angle \mathrm{DFP} = 90^\circ$ より F はこの長方形の外接円周上にある.

$$\therefore \quad \angle \mathrm{AFC} = \mathrm{ADC} = 90^\circ$$

・21・　O から LM, LN, MN への垂線の足を X, Y, Z とすると $\mathrm{AB} = \mathrm{CD}$ から $\mathrm{OX} = \mathrm{OY}$. よって LO は $\angle \mathrm{MLN}$ の 2 等分線である. MN に関して L と反対側にある $\triangle \mathrm{LMN}$ の傍心を P とすれば $2\angle \mathrm{MPN} = \angle \mathrm{ALC} = 2\angle \mathrm{MON}$ から $\angle \mathrm{MPN} = \angle \mathrm{MON}$. P, O はともに $\angle \mathrm{MLN}$ の 2 等分線上にあるから P, O は一致し, O は $\triangle \mathrm{LMN}$ の傍心で $\mathrm{OX} = \mathrm{OY} = \mathrm{OZ}$. よって M, N を通る ω の弦の長さは AB, CD に等しい.

・22・　$\angle \mathrm{C} = \alpha$ とおけば $\angle \mathrm{A} = 2\alpha$ である. また $\angle \mathrm{B} = 2\beta$ とおくと O は傍心だから $\angle \mathrm{BCO} = \alpha + \beta$ である. AO が BC および円 ABC と交わる点を D, N とすると $\angle \mathrm{ANB} = \angle \mathrm{ACB} = \alpha = \angle \mathrm{BAN}$ より $\mathrm{BA} = \mathrm{BN}$. また $2\angle \mathrm{AOB} = \angle \mathrm{ACB} = \angle \mathrm{ANB}$ より $\mathrm{BN} = \mathrm{NO}$. $\angle \mathrm{NBC} = \angle \mathrm{NAC} = \angle \mathrm{BAN}$ より $\triangle \mathrm{ABN} \backsim$

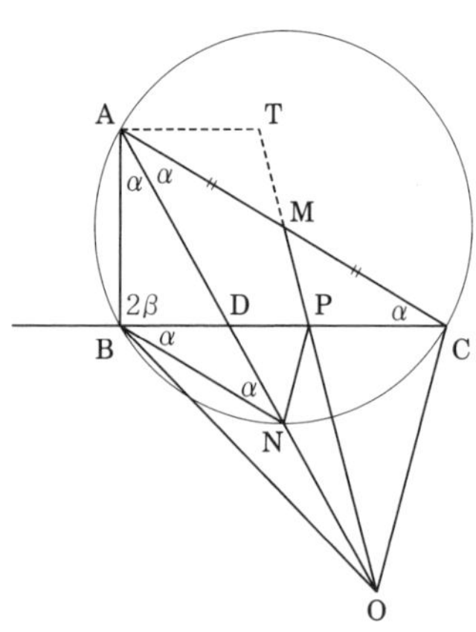

$\triangle$BDN．よって

$$\mathrm{AB : BD = BN : DN = NO : DN},$$

BO は $\angle$ABD の外角を 2 等分するから

$$\mathrm{AB : BD = AO : DO},$$

よって NO : DN = AO : DO．

A を通り BC に平行にひいた直線と OM との交点を T とすると AT = CP だから

$$\mathrm{AO : DO = AT : DP = CP : DP}.$$

よって NO : DN = CP : DP，ゆえに NP $/\!/$ OC である．よって

$$\angle \mathrm{ANP} = \angle \mathrm{AOC} = \angle \mathrm{ABC} \div 2 = \beta.$$

$$\therefore \quad \angle \mathrm{BNP} = \alpha + \beta.$$

また $\angle$BPN = $\angle$BCO = $\alpha+\beta$．よって BP = BN = BA，すなわち AB = BP である．

・23・　AC, BD の交点を T とし T から AB, BC, CD, DA への垂線の足を M, N, P, Q とする．また円 O の半径を R とし，$\angle$ABD = α，$\angle$ADB = β とおく．$\angle$BAD + $\angle$MTQ = 180° だから

$$\frac{\triangle \mathrm{TMQ}}{\triangle \mathrm{ABD}} = \frac{\mathrm{TM \cdot TQ}}{\mathrm{AB \cdot AD}} = \frac{\mathrm{TB}\sin\alpha \cdot \mathrm{TD}\sin\beta}{2R\sin\beta \cdot 2R\sin\alpha}$$
$$= \frac{\mathrm{TB \cdot TD}}{4R^2} = \frac{R^2 - \mathrm{OT}^2}{4R^2},$$

同様に

$$\frac{\triangle \mathrm{TMN}}{\triangle \mathrm{BAC}} = \frac{\triangle \mathrm{TNP}}{\triangle \mathrm{CBD}} = \frac{\triangle \mathrm{TPQ}}{\triangle \mathrm{DCA}}$$

も同じ値になる．すなわち

$$\frac{\triangle \mathrm{TMQ}}{\triangle \mathrm{ABD}} = \frac{\triangle \mathrm{TMN}}{\triangle \mathrm{BAC}} = \frac{\triangle \mathrm{TNP}}{\triangle \mathrm{CBD}}$$
$$= \frac{\triangle \mathrm{TPQ}}{\triangle \mathrm{DCA}} = \frac{R^2 - \mathrm{OT}^2}{4R^2}$$

分子の和と分母の和の比を作れば

$$\frac{[\mathrm{MNPQ}]}{2[\mathrm{ABCD}]} = \frac{R^2-\mathrm{OT}^2}{4R^2} \leqq \frac{1}{4},$$

よって

$$2[\mathrm{MNPQ}] \leqq [\mathrm{ABCD}].$$

・24・　△ABD, △ACD の内接円が AD に接する点を T, S とすれば，仮定により T, S は一致する．

$$\mathrm{AB}+\mathrm{AD}-\mathrm{BD} = 2\mathrm{AT} = 2\mathrm{AS} = \mathrm{AD}+\mathrm{AC}-\mathrm{CD}$$

より

$$\mathrm{AB}-\mathrm{BD} = \mathrm{AC}-\mathrm{CD},$$

辺 AB, AC 上にそれぞれ P, Q を BP = BD, CQ = CD にとれば AP = AQ である．∠PAQ, ∠DBP, ∠DCQ の 2 等分線はそれぞれ PQ, DP, DQ の垂直 2 等分線であるから △DPQ の外心 O に会する．O から AB, AC, BD, CD への垂線の長さは等しいから四辺形 $\mathrm{AB_1DC_1}$ は O を中心とする円に外接する．

・25・　I を通り BC に平行にひいた直線と BD, CD との交点を X, Y とすれば DB = DC より DX = DY である．よって X から DY への垂線の足を T とすれば IE+IF = XT である．また

$$\mathrm{DI} = \mathrm{DB}, \qquad \angle\mathrm{DXI} = \angle\mathrm{DBC} = \angle\mathrm{DAC} = \angle\mathrm{DAB}$$

より

$$\triangle\mathrm{DXI} \equiv \triangle\mathrm{DAB}, \qquad \therefore \quad \mathrm{DX} = \mathrm{DA},$$

$$\therefore \quad \mathrm{DX} = 2(\mathrm{IE}+\mathrm{IF}) = 2\mathrm{XT}, \qquad \therefore \quad \angle\mathrm{XDT} = 30^\circ$$

よって ∠BDC = 30° または 150°，ゆえに ∠A = 150° または 30° である．

・26・　AQ の Q を越えた延長上に点 R を QR = QC にとれば AR = AQ+QC, ∠AQC = 2∠ARC である．∠BPD = ∠BED = ∠BDE より

$$2\angle\mathrm{BPD}+\angle\mathrm{ABC} = \triangle\mathrm{BDE}\text{ の内角の和} = 180^\circ.$$

また $\angle\mathrm{AQC}+\angle\mathrm{ABC} = 180^\circ$ だから

$$2\angle\mathrm{ARC} = 2\angle\mathrm{BPD} \qquad \therefore \quad \angle\mathrm{ARC} = \angle\mathrm{BPD}.$$

これと

$$\mathrm{AC} = \mathrm{BD},\ \ \angle\mathrm{RAC} = \angle\mathrm{QAC} = \angle\mathrm{QBC} = \angle\mathrm{PBD}$$

から

$$\triangle\mathrm{ARC} \equiv \triangle\mathrm{BPD}, \qquad \therefore \quad \mathrm{AR} = \mathrm{BP}.$$

すなわち

$$\mathrm{AQ}+\mathrm{QC} = \mathrm{BP}.$$

・27・　六角形の外側に $\triangle\mathrm{BCP}$ を $\triangle\mathrm{BCP} \backsim \triangle\mathrm{BAF}$ に作れば $\triangle\mathrm{BAC} \backsim \triangle\mathrm{BFP}$ となるから

$$\frac{\mathrm{AB}}{\mathrm{AC}} = \frac{\mathrm{FB}}{\mathrm{FP}} \qquad (1)$$

$$\begin{aligned}\angle\mathrm{DCP}+\angle\mathrm{BCP}+\angle\mathrm{BCD} &= 360^\circ \\ &= \angle\mathrm{DEF}+\angle\mathrm{FAB}+\angle\mathrm{BCD},\end{aligned}$$

$$\angle\mathrm{BCP} = \angle\mathrm{FAB}$$

だから

$$\angle\mathrm{DCP} = \angle\mathrm{DEF}.$$

また

$$\frac{\mathrm{CP}}{\mathrm{BC}} = \frac{\mathrm{AF}}{\mathrm{AB}} = \frac{\mathrm{CD}\cdot\mathrm{EF}}{\mathrm{BC}\cdot\mathrm{DE}}$$

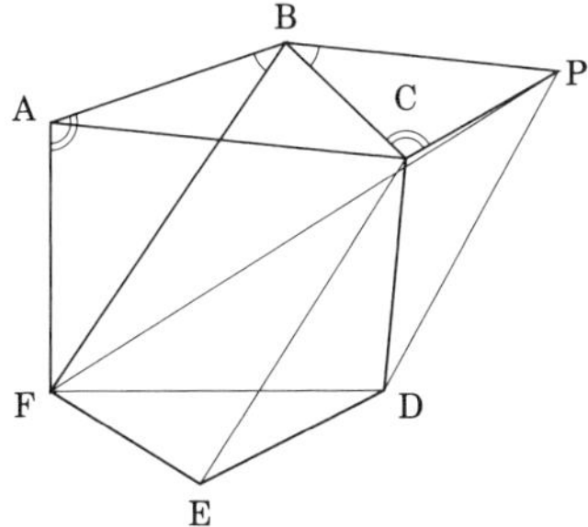

より

$$\frac{CP}{CD} = \frac{EF}{DE} \qquad \therefore \quad \triangle DCP \backsim \triangle DEF,$$

よって

$$\triangle DEC \backsim \triangle DFP \qquad \therefore \quad \frac{EC}{DE} = \frac{FP}{DF} \qquad (2)$$

(1)×(2)より

$$\frac{AB}{AC}\cdot\frac{EC}{DE} = \frac{FB}{FP}\cdot\frac{FP}{DF} = \frac{FB}{DF},$$

よって

$$AB\cdot FD\cdot EC = BF\cdot DE\cdot CA$$

である．

・28・　AからBCへの垂線の足をMとすれば$AM = BM = MC$，$\triangle BDE \backsim \triangle ADM$だから

$$BE : ED = AM : MD = BM : MD = 3 : 1 = BC : DC,$$

よってECは$\angle BED$の外角を2等分する．

よって$\angle DEC = 90^\circ \div 2 = 45^\circ$である．

・29・　$\angle MDA = \angle ABD$より$AD^2 = AM\cdot AB$.

同様に$AD^2 = AN\cdot AC$，両式を掛け合わせて

$$AD^4 = AM\cdot AN\cdot AB\cdot AC \qquad (1)$$

$\angle MDN + \angle MAN = 180^\circ$だからA, M, D, Nは共円で

$$\angle AMP = \angle AMN = \angle ADN,$$

また

$$\angle MAP = \angle DAN, \qquad \therefore \quad \triangle AMP \backsim \triangle ADN.$$

よって

$$AM : AD = AP : AN, \qquad \therefore \quad AM\cdot AN = AD\cdot AP,$$

これと(1)より

$$AD^3 = AP\cdot AB\cdot AC.$$

・30・　CM, DN の延長上にそれぞれ X, Y を MX $=$ CM, NY $=$ DN にとれば，MX $=$ CM $=$ BM，NY $=$ DN $=$ BN より $\angle$CBX $= 90^\circ$，$\angle$DBY $= 90^\circ$.

$$2\angle \mathrm{BCX} = \angle \mathrm{BMX} = \angle \mathrm{BAC} = \angle \mathrm{BND} = 2\angle \mathrm{BYD}$$

より

$$\angle \mathrm{BCX} = \angle \mathrm{BYD}.$$

よって

$$\triangle \mathrm{BCY} \backsim \triangle \mathrm{BXD}, \quad \therefore \quad \angle \mathrm{BCY} = \angle \mathrm{BXD}.$$

よって CY, DX のなす角は $\angle$CBX に等しく直角である．よって DX$\perp$CY．M, K, N はそれぞれ CX, CD, DY の中点だから MK$/\!/$XD，KN$/\!/$CY，よって

$$\mathrm{KM} \perp \mathrm{KN}, \quad \therefore \quad \angle \mathrm{MKN} = 90^\circ,$$

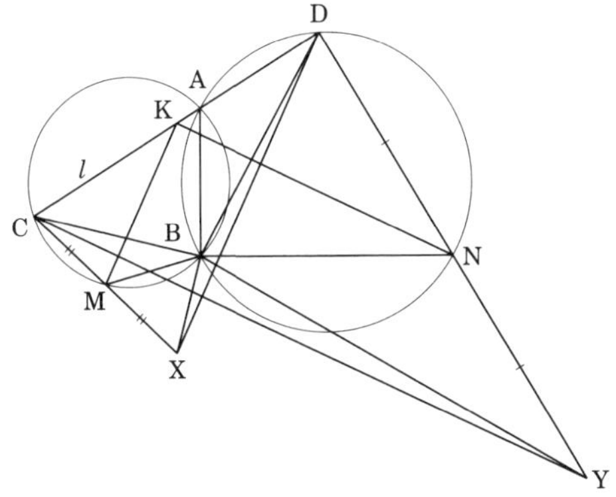

・31・　内心を I とし $\mathrm{A_1}$ を通る直径を $\mathrm{A_1T}$ とすると，$\mathrm{C_1T} /\!/ \mathrm{A_1K}$ だから

$$\angle \mathrm{B_1DA_1} = \angle \mathrm{C_1DA_1} = \angle \mathrm{TC_1B_1} = \angle \mathrm{TA_1B}$$

$$= \angle \mathrm{IA_1B_1} = \frac{1}{2}\angle \mathrm{B_1IT} = \frac{1}{2}\angle \mathrm{B_1CA_1}.$$

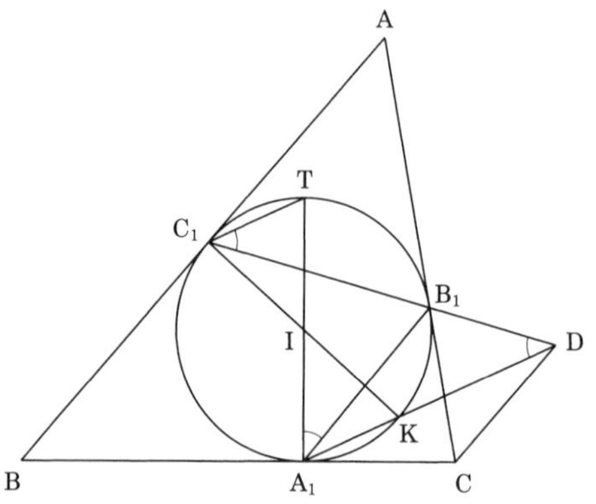

$$\therefore \quad \angle B_1CA_1 = 2\angle B_1DA_1, \quad \text{かつ} \quad CB_1 = CA_1$$

だから C は $\triangle DB_1A_1$ の外心で $CD = CB_1$ である.

・32・　$\triangle PBC$ の外接円と PD との交点を E とし, E を通って BC に平行にひいた直線とこの円および AB, AC との交点を T, X, Y とする.

$$XE : EY = BD : DC = 2 : 1$$

より

$$XE = 2EY,$$

$$\angle CEY = \angle BCE = \angle BPE = \angle BPD = \angle BAC,$$

$BC /\!/ XY$ より

$$\angle CYE = \angle ACB = \angle ABC$$

よって $\triangle ECY \backsim \triangle ABC$ であるから

$$\angle ECY = \angle ABC = \angle ACB = \angle CYE$$

$$\therefore \quad EC = EY.$$

また $BC /\!/ TE$ より $BT = CE$, また前と同様に $TB = TX$, よって

$$EY = EC = TB = TX,$$

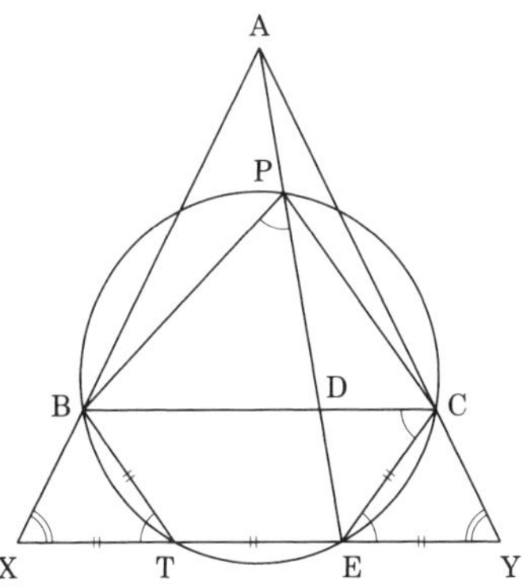

ところで

$$XE = 2EY$$

だから ET = TE = EY，よって BT = TE = EC．よって

$$弧BTE = 2\,弧\,EC, \qquad \therefore \quad \angle BPE = 2\angle EPC$$

したがって

$$\angle BAC = \angle BPD = 2\angle DPC.$$

・33・　C を通り BD に平行な弦 CE をひくと BN = DN, BE = DC, ∠NBE = ∠NDC より △BNE ≡ △DNC．ゆえに

$$\angle BNE = \angle DNC = \angle DNA.$$

よって A, N, E は共線である．

$$\therefore \quad \triangle BAE \sim \triangle DAE, \qquad \angle ABE + \angle ADE = 180°$$

だから AB・BE = AD・DE．BD∥EC から BE = CD，DE = BC だから，

$$AB \cdot CD = AD \cdot BC \qquad (1)$$

D を通り AC に平行な弦 DS をひけば AD = CS，CD = AS．よって(1)より AB・AS = CS・BC だから △ABS ∽ △CBS で BS は AC を 2 等分する．よって BS は L を通る．DS∥AC で L は AC

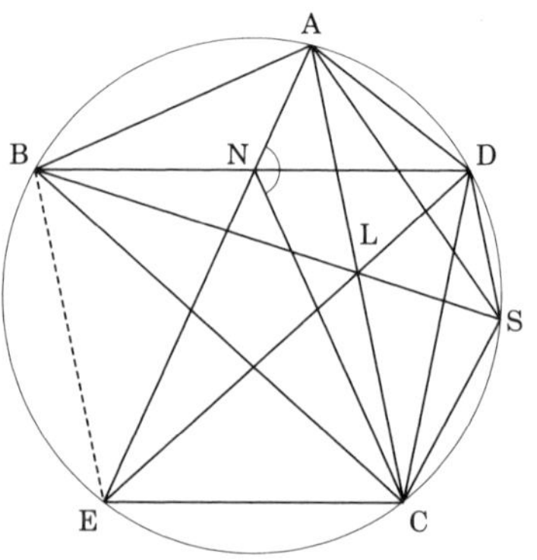

の中点より

$$\mathrm{AL} = \mathrm{CL}, \quad \mathrm{AD} = \mathrm{CS}, \quad \angle\mathrm{DAL} = \angle\mathrm{SCL},$$

ゆえに

$$\triangle\mathrm{ALD} \equiv \triangle\mathrm{CLS},$$

$$\therefore \quad \angle\mathrm{ALD} = \angle\mathrm{CLS} = \angle\mathrm{ALB},$$

よってACは∠BLDを2等分する．

・34・　Eは△BCDの内接円の接点であるから，

$$\mathrm{DE}-\mathrm{CE} = \mathrm{BD}-\mathrm{BC}. \quad \therefore \quad \mathrm{DE}+\mathrm{BC} = \mathrm{CE}+\mathrm{BD}.$$

ABCDは等脚台形だからBC = AD，BD = AC，よって

$$\mathrm{DE}+\mathrm{AD} = \mathrm{CE}+\mathrm{AC}.$$

よってEは△ACDの傍接円が辺DCに接する点で，EにおいてDCに立てた垂線と∠DACの2等分線の交点Fは△ACDの傍心である．よってACの延長上の点をTとするとFCは∠DCTを2等分する．

$$\angle\mathrm{FGA} = \angle\mathrm{FCT} = \angle\mathrm{FCG} = \angle\mathrm{FAG}$$

より△AFGはFA = FGの2等辺三角形である．

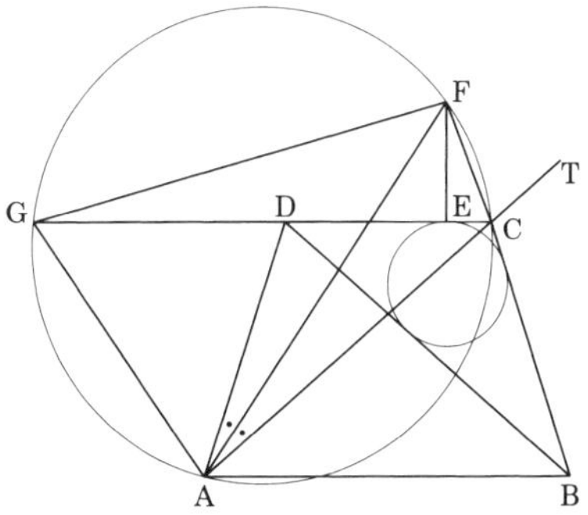

・35・ PC と AB との交点を D とし

$$\angle DAP = \angle DPA = \angle AQP = \alpha,$$
$$\angle PQB = \angle PCB = \angle PBA = \beta$$

とおく.

$$\angle ARB = \angle RPC + \angle RCP = \angle DPA + \angle BCP$$
$$= \alpha + \beta = \angle AQB$$

より A, Q, R, B は共円. よって

$$\angle BQR = \angle BAR = \alpha,$$

よって $\angle PQR = \alpha + \beta$. また

$$\angle BPR = \angle PAB + \angle PBA = \alpha + \beta,$$
$$\therefore \quad \angle BPR = \angle BRP = \angle PQR \qquad (= \alpha + \beta)$$

よって △PQR の外接円は BP, BR に接する.

・36・ △ABC の内心を I, 外心を O, AC, BC の中点を M, N とする. また CI と AB および △ABC の外接円の交点を D, E とする. AI, BI は ∠A, ∠B を 2 等分するから

$$\frac{CI}{ID} = \frac{AC}{AD} = \frac{BC}{BD} = \frac{AC+BC}{AD+BD} = \frac{AC+BC}{AB} = 2$$

$\therefore\quad CI = 2ID,\ AC = 2AD.\ \angle EAD = \angle ECB = \angle ACE$

より

$$\triangle AED \backsim \triangle CEA.$$

$$\therefore\quad DE : CE = \triangle ADE : \triangle ACE = AD^2 : AC^2 = 1 : 4,$$

よって

$$CE = 4DE, \qquad \therefore\quad 3DE = CD = 3ID,$$

$$\therefore\quad DE = ID \qquad \therefore\quad CI = IE,$$

M, I, N は CA, CE, CB の中点より

$$MI /\!/ AE,\ IN /\!/ EB, \qquad \therefore\quad \angle MIN = \angle AEB$$

$$\angle MCN + \angle MIN = \angle ACB + \angle AEB = 180^\circ$$

よって C, M, I, N は共円.

また $\angle CMO = \angle CNO = 90^\circ$ より C, M, O, N は共円，よって 5 点 C, M, I, O, N は共円，これから M, I, O, N の共円がいえる.

・37・　AD, BE の交点を I とし，AB 上に S を，AS = AE にとれば BS = BD で

$$\triangle AEI \equiv \triangle ASI, \qquad \triangle BDI \equiv \triangle BSI,$$

$$\therefore\quad \angle AIE = \angle AIS, \qquad \angle BID = \angle BIS,$$

$$\therefore\quad \angle AIE = \angle AIS = \angle BIS,$$

よって

$$\angle AIE = 60^\circ \qquad \therefore\quad \angle IAB + \angle IBA = 60^\circ$$

$$\therefore\quad \angle CAB + \angle CBA = 120^\circ, \qquad \therefore\quad \angle C = 60^\circ.$$

・38・　B, C から AC, AB への垂線の足を H, K とすれば AB = AC から CK = BH.

$$2[DBCG] = (BD + CG)\cdot CK,$$

$$2[FBCE] = (BF + CE)\cdot BH.$$

よって

$$\frac{[\mathrm{DBCG}]}{[\mathrm{FBCE}]}=\frac{\mathrm{BD}+\mathrm{CG}}{\mathrm{BF}+\mathrm{CE}} \qquad (1)$$

$\triangle\mathrm{ADE} \backsim \triangle\mathrm{BDF} \backsim \triangle\mathrm{CGE}$ より

$$\frac{\mathrm{AD}}{\mathrm{AE}}=\frac{\mathrm{BD}}{\mathrm{BF}}=\frac{\mathrm{CG}}{\mathrm{CE}}=\frac{\mathrm{BD}+\mathrm{CG}}{\mathrm{BF}+\mathrm{CE}} \qquad (2)$$

(1), (2)から求める結果を得る.

・39・ BC の延長上に F を CF = CE にとれば △CEF は正三角形で FE = CE = AC, ∠DFE = 60° = ∠ACB, また DF = BC.

$$\therefore \quad \triangle\mathrm{DFE} \equiv \triangle\mathrm{BCA} \quad \therefore \quad \mathrm{DE}=\mathrm{BA}.$$

すなわち AB = DE である.

・40・ M を通り AD に平行にひいた直線と BD との交点を T とすれば KL∥MN だから, BL : LN = BK : KM = BD : DT, よって TN∥DC である.

M, N は弧 AD, DC の中点で MT∥AD, NT∥DC だから MT, NT は円 ω の接線で ∠OMT = ∠ONT = 90° である. よって O, M, T, N は共円で, OT は △OMN の外接円の直径である. この円と BD との交点を S とすれば ∠OST = ∠OMT = 90° だから OS ⊥BD で S は BD の中点である.

【増補】

問題づくりの楽しみ

[インタビュー] 問題を考え，問題と親しむ

[論文抜粋] 創作問題について

問題づくりの楽しみ

私にとっての問題づくりの楽しみは，図形の持つ性質を発見する楽しみである．私がその楽しみを知ったのは，中学３年生のときピタゴラスの定理の別証明を考えたのがきっかけであったように思う．補助線をひいた新図形で新しい性質を発見し，それを別証明につなげていく．その過程に発見の喜びがあった．図形の性質を調べるには，調べるための図形が必要である．新しい図形として考えやすいのは拡張された図形である．既知の図形を特別な場合に持つような図形を考え，もとの図形の持つ性質と類似の性質を見つける．これが拡張の作業である．私の図形研究の基本の一つは拡張にあった．そのような例を示そう．

I. 三角形の辺の中点

△ABC の辺 BC, CA, AB の中点をそれぞれ D, E, F とする．D, E, F を二つずつ結ぶと，△ABC は四つの合同な三角に分割

される．したがってこれら四つの三角形は等積である．また D, E, F をそれぞれ A, B, C と結ぶと AD, BE, CF は 1 点 G（重点）で交わり，その点で 2：1 の比に分けられる．

以上をまとめる．

(1. 1)　　$\triangle AEF = \triangle BFD = \triangle CDE = \triangle DEF$

(1. 2)　　AG：GD = BG：GE = CD：GF = 2：1

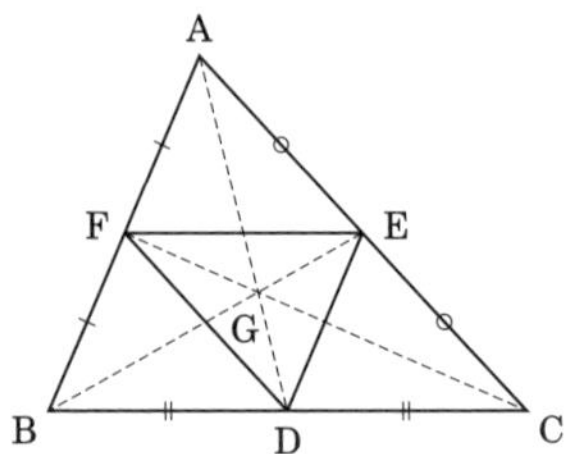

BC, CA, AB の中点 D, E, F を，BC, CA, AB を底辺とする相似な二等辺三角形の頂点というように拡張して，次問を得る．

(1. 3)　△ABC の外側に △DBC, △ECA, △FAB を，

$\angle DBC = \angle DCB = \angle ECA = \angle EAC = \angle FAB = \angle FBA$

であるようにつくれば，AD, BE, CF は 1 点で交わる．

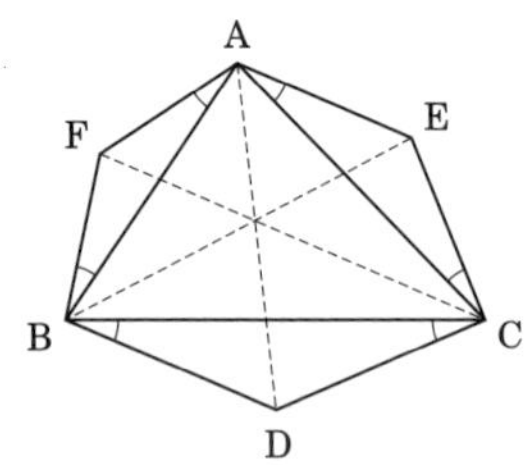

これはまた次のように拡張される．

(1.4)　△ABC の外側に △DBC, △ECA, △FAB を，

$\angle DBC = \angle FBA, \quad \angle DCB = \angle ECA, \quad \angle FAB = \angle EAC$

であるようにつくれば AD, BE, CF は 1 点で交わる．（AD∥BE∥CF の場合もあるので，この交点は無限遠点の場合もある．）

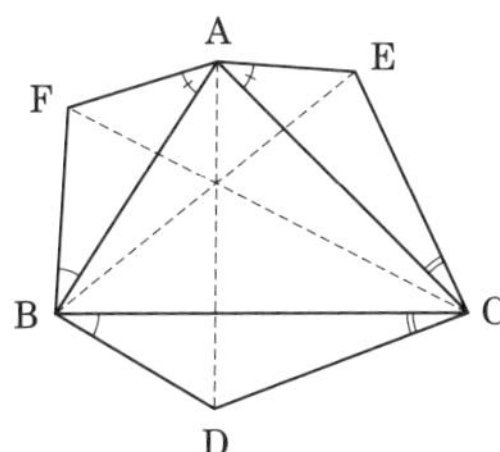

なお

$$\frac{BD}{DC}\cdot\frac{CE}{EA}\cdot\frac{AF}{FB}=1$$

であるので，これは後述の「チェバの定理の逆」の拡張にあたる．

II.　重心を一般の点にする

D, E, F が BC, CA, AB 上の点で AD, BE, CF が 1 点 P で交わる場合を考える．このとき

(2.1)　$$\frac{BD}{DC}\cdot\frac{CE}{EA}\cdot\frac{AF}{FB}=1$$

 である．これをチェバ(Ceva)の定理という．

逆にこの条件が成り立ち，D, E, F がすべて辺上か，あるいは一つが辺上で他の二つが辺の延長上にある場合は，AD, BE, CF が１点(無限遠点を含む)で交わることがいえる．これをチェバの定理の逆という．つまり，$\frac{\mathrm{BD}}{\mathrm{DC}}\cdot\frac{\mathrm{CE}}{\mathrm{EA}}\cdot\frac{\mathrm{AF}}{\mathrm{FB}}=1$ は AD, BE, CF が１点で交わるための必要十分条件である．

つぎに，AD, BE, CF の交点 P が △ABC 内にある場合について考える．

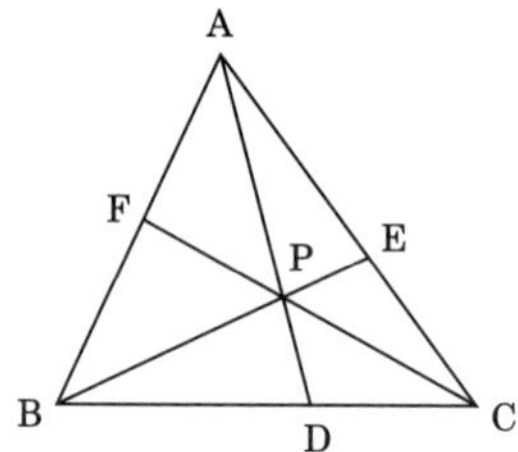

$$\frac{\mathrm{PD}}{\mathrm{AD}}=\frac{\triangle\mathrm{PBC}}{\triangle\mathrm{ABC}},\quad \frac{\mathrm{PE}}{\mathrm{BE}}=\frac{\triangle\mathrm{PCA}}{\triangle\mathrm{ABC}},\quad \frac{\mathrm{PF}}{\mathrm{CF}}=\frac{\triangle\mathrm{PAB}}{\triangle\mathrm{ABC}}$$

であるから，

$$\frac{\mathrm{PD}}{\mathrm{AD}}+\frac{\mathrm{PE}}{\mathrm{BE}}+\frac{\mathrm{PF}}{\mathrm{CF}}=1 \tag{2.2}$$

また

$$\frac{\mathrm{AE}}{\mathrm{EC}}=\frac{\triangle\mathrm{PAB}}{\triangle\mathrm{PBC}},\quad \frac{\mathrm{AF}}{\mathrm{FB}}=\frac{\triangle\mathrm{PAC}}{\triangle\mathrm{PBC}},$$

および

$$\frac{\mathrm{AP}}{\mathrm{PD}}=\frac{\triangle\mathrm{PAB}}{\triangle\mathrm{PBD}}=\frac{\triangle\mathrm{PAC}}{\triangle\mathrm{PDC}}=\frac{\triangle\mathrm{PAB}+\triangle\mathrm{PAC}}{\triangle\mathrm{PBC}}$$

から

$$\text{(2.3)} \qquad \frac{\mathrm{AE}}{\mathrm{EC}}+\frac{\mathrm{AF}}{\mathrm{FB}}=\frac{\mathrm{AP}}{\mathrm{PD}}$$

D, E, F が辺の中心のときは(2.1)が成立するから AD, BE, CF は 1 点 P で交わり，(2.3)の式から AP = 2PD であることが判る.

III. 各辺を等比に分ける点

D, E, F が辺 BC, CA, AB の中点のときは

$$\mathrm{BD}:\mathrm{DC}=\mathrm{CE}:\mathrm{EA}=\mathrm{AF}:\mathrm{FB}=1:1$$

である. この拡張として,

$$\text{(3.1)} \qquad \mathrm{BD}:\mathrm{DC}=\mathrm{CE}:\mathrm{EA}=\mathrm{AF}:\mathrm{FB}=m:n$$

の場合を考える.

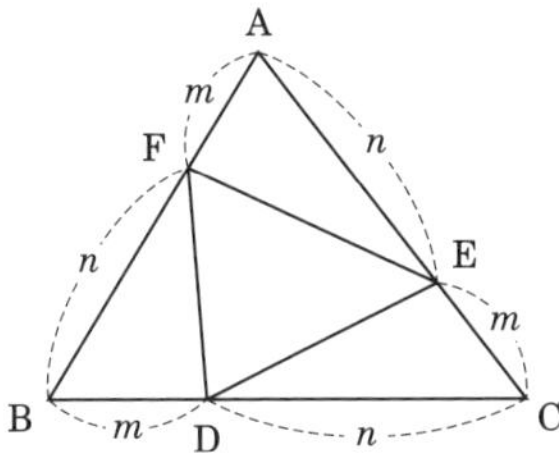

$$\frac{\triangle\mathrm{AEF}}{\triangle\mathrm{ABC}}=\frac{\triangle\mathrm{BFD}}{\triangle\mathrm{ABC}}=\frac{\triangle\mathrm{CDE}}{\triangle\mathrm{ABC}}=\frac{mn}{(m+n)^2}$$

であるから

$$\text{(3.2)} \qquad \triangle\mathrm{AEF}=\triangle\mathrm{BFD}=\triangle\mathrm{CDE}$$

 である．また逆に(3.2)が成り立てば(3.1)が成り立つことがいえる．また

(3.3)　△DEF の重心は △ABC の重心に重なる．

逆に(3.3)が成立すれば(3.1)が成立することがいえる．

つぎに BE, CF の交点を P とし，AD と CF, BE の交点をそれぞれ Q, R とする．

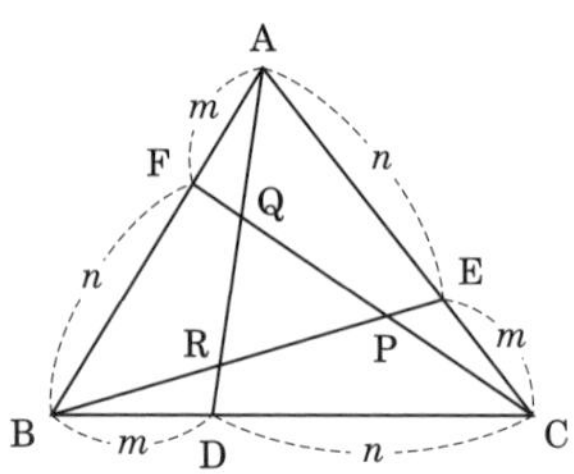

メネラウスの定理により

$$\mathrm{AQ} : \mathrm{QD} = m(m+n) : n^2,$$

$$\mathrm{AR} : \mathrm{RD} = n(m+n) : m^2$$

がいえ，同様に BR : RE, BP : PE, CP : PF, CQ : QF も計算されて

$$\mathrm{AQ} : \mathrm{QD} = \mathrm{BR} : \mathrm{RE} = \mathrm{CP} : \mathrm{PF},$$

および

$$\mathrm{AR} : \mathrm{RD} = \mathrm{BP} : \mathrm{PE} = \mathrm{CQ} : \mathrm{QF}$$

が判る．これから

(3.4)　$\mathrm{AQ} : \mathrm{QR} : \mathrm{RD} = \mathrm{BR} : \mathrm{RP} : \mathrm{PE} = \mathrm{CP} : \mathrm{PQ} : \mathrm{QF}$

したがって

(3.5) $\quad AQ : RD = BR : PE = CP : QF$

(3.6) $\quad QR : AD = RP : BE = PQ : CF$

なお，

$$AQ : QR = BR : RP = CP : PQ$$

から △PQR の重心と △DEF の重心が一致し，したがって(3.3)から △PQR の重心が △ABC の重心と重なることが判る．

さて △ABC の辺 AC, AB 上にそれぞれ任意に点 E, F をとり，辺 AC, AB 上に点 G, H を AG = CE， AH = BF であるようにとる．GH の中点を M とし，AM と CF, BE との交点を Q, R とする．

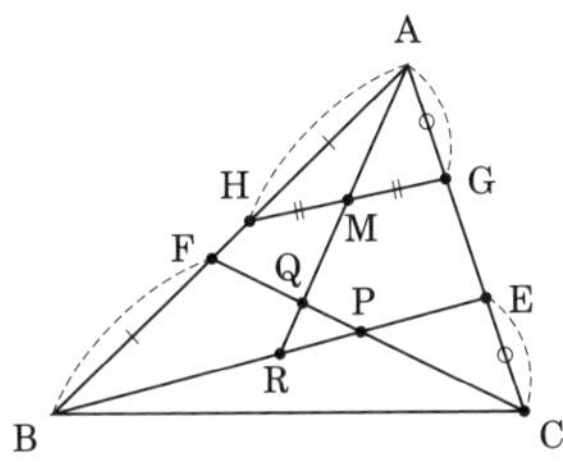

四辺形 HBEG を直線 AMR が切るから，四辺形の場合のメネラウスの定理により

$$\frac{BR}{RE} \cdot \frac{EA}{AG} \cdot \frac{GM}{MH} \cdot \frac{HA}{AB} = 1$$

GM = MH， AG = CE， HA = BF から，上式は

(3.7) $$\frac{BR}{RE} \cdot \frac{EA}{CE} \cdot \frac{BF}{AB} = 1$$

になる．またメネラウスの定理により

$$(3.8)\qquad \frac{\mathrm{CP}}{\mathrm{PF}}\cdot\frac{\mathrm{FB}}{\mathrm{BA}}\cdot\frac{\mathrm{AE}}{\mathrm{EC}}=1$$

この2式から BR：RE ＝ CP：PF が判る．同様に BP：PE ＝ CQ：QF を得るから

$$\mathrm{BR : RP : PE = CP : PQ : QF}$$

である．これは(3.4)の拡張にあたる．

IV．相似三角形への拡張

(3.1)が成り立つ場合

$$\mathrm{BD : DC : BC = CE : EA : CA = AF : FB : AB}$$

である．これから3辺が比例する三角形，すなわち相似三角形の image が拡張として浮かぶ．

△ABC の外側に相似三角形 △DBC, △ECA, △FAB を

$$\angle\mathrm{DBC} = \angle\mathrm{ECA} = \angle\mathrm{FAB},$$

$$\angle\mathrm{DCB} = \angle\mathrm{EAC} = \angle\mathrm{FBA}$$

にとり，△ABC を含む ∠EAF, ∠FBD, ∠DCE はどれも2直角より大きくないとする．

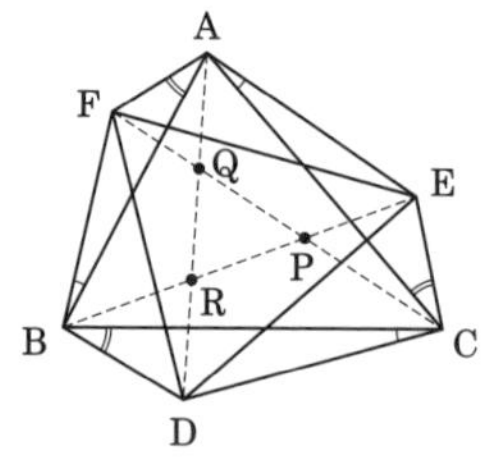

このとき

$$\triangle \mathrm{AEF}+\triangle \mathrm{DBC} = \triangle \mathrm{BFD}+\triangle \mathrm{ECA} = \triangle \mathrm{CDE}+\triangle \mathrm{FAB} \tag{4.1}$$

である．これは(3.2)の拡張にあたる．

$\angle \mathrm{BAC} = \angle \mathrm{R}$ で $\triangle \mathrm{DBC}$, $\triangle \mathrm{ECA}$, $\triangle \mathrm{FAB}$ が BC, CA, AB を斜辺とする直角二等辺のときは，$\mathrm{AD} /\!/ \mathrm{BF}$ で $\triangle \mathrm{BFD} = \triangle \mathrm{FAB}$ であるから(4.1)から

$$\triangle \mathrm{DBC} = \triangle \mathrm{ECA}+\triangle \mathrm{FAB}$$

を得る．よって(4.1)はピタゴラスの定理の拡張にもなっている．また AD, BE, CF の交点を図のように P, Q, R とすると

$$\mathrm{QR} : \mathrm{AD} = \mathrm{RP} : \mathrm{BE} = \mathrm{PQ} : \mathrm{CF}$$

である．これは(3.6)の拡張にあたる．

[インタビュー]

問題を考え，問題と親しむ

1910年，数学者・清宮俊雄氏が生まれた．地球にハレー彗星が接近し，大きな騒動となったこの年から100年，2010年となった現在も，清宮氏は幾何学の研究を続けている．今回は100歳を迎えた記念として，清宮氏に若かりし頃の思い出などを振り返っていただいた．

幾何学との出会い

「僕の旧制中学[1] 1〜2年生の頃の成績は，50人のクラスで42番など，劣等生の方でした」

学生の頃，勉強が得意でなかったという清宮氏だが，はじめて幾何学と出会ったのもその時期である．

「たしか，2年生の2学期だと思います．最初は全然分からな

1） 清宮氏が通っていたころの旧制中学校は5年制だった．

くて，成績が10点満点で2点だったのです．3学期は7点で，平均すると4.5点でした．実は，平均5点なければ3年生に進級できないのです．四捨五入のおかげでなんとか進級できたのですが，3年生の1学期の成績も良くはなく，決して優秀な生徒ではありませんでした」

しかし3年生になると，苦手だった幾何学に徐々にのめり込みはじめる．

「「夏休みに勉強するように」と，数学の先生に淡中済先生の問題集[2)]を紹介されました．学校にあるような普通の問題集は，「直線の問題」，「円の問題」，「比例の問題」というように，同じような種類の問題を集めているものがほとんどなのですが，淡中先生の問題集は違う種類の問題を1問ずつピックアップして，1つのセットにしているのです．下校途中に本屋で見つけて買って帰り，夏休みに喜んで解いていました」

そして，決定的な出来事が2学期に訪れた．

「ある日，ピタゴラスの定理を習ったのです．それ以前に習った図形の性質，例えば，「二等辺三角形の両底角が等しい」というのは，図形を見れば一目で分かるものです．それをわざわざ証明するのですから，興味を持てませんでした．ところが，ピタゴラスの定理は「直角三角形の各辺上に正方形があって，2つの正方形の面積の和が別の正方形の面積に等しい」と説いています．これは一目で分かるような性質ではありません」

このとき，清宮氏は幾何における証明の必要性や重要性を知ったのである．

2）『幾何学 ―― 横観数学問題集』（斯文書院，1923年）

「数学の先生が「ピタゴラスの定理はいろいろな証明があるから，君たちも考えてみたらどうか」というふうに，僕たち生徒に言ったのです．そこで，教科書には載っていない別の証明を夢中で考え，いくつか発見することができました．証明を考える中で，図形の中にある新しい性質が自分で発見できるようになったのです」

このことをきっかけに，「自分で新しい図形を考え，新しい性質を見つけて，証明する」という幾何研究が始まった．14 歳の頃の話である．

はじめての論文

研究に目覚めた清宮氏のはじめての論文執筆は，中学４年，現在で言えば高校１年生の頃のことである．

「夏休みに宿題が出るのですが，提出用のノートの余白に自分で作った定理を書き留めたのです．先生がそれに興味を持ち，「どのように考えて新しい定理を発見したのか書いてみろ」と言われました」

その論文が，旧制中学校の校友会雑誌『朝暘（ちようよう）』に掲載された「創作問題について」である．

「実際に作成した問題について書いたのではなく，「どうやって新しい問題を作るか」ということを書いたのです．問題の作り方を具体的にまとめたものは，当時，どこにもなかったと思います」

清宮の定理

さて，清宮氏といえば「清宮の定理」が有名である．その源流はどこから来たのだろうか．

「「シムソンの定理」は有名ですが，アメリカのターナーという大学の先生がその拡張を考えて，*The American Mathematical Monthly* 誌に発表しました．その後，この雑誌を読んだ，東京高等師範学校[3]の国枝元治先生が『日本中等教育数学会雑誌』(1925年(大正14年)10月)で「問題」として紹介されたのです」

この雑誌は，旧制中学校の数学の先生が主に加入している「日本中等教育数学会[4]」が発行する雑誌である．清宮氏が中学生だった当時は，日本語で書かれた数学の雑誌は2誌しかなかったという[5]．そこでは毎号，さまざまな数学の問題が出題され，旧制中学校の先生方などが解答を寄せていた．

「僕が中学4年生の終わりの頃，ターナー氏の問題を渡され「証明を考えてみないか」と先生に薦められたのです」

出題されたその日より，来る日も来る日も問題の答えを考え続けた．中学5年生になった夏のある日，ターナー氏の問題を解くことに成功する．数日後，その拡張として発見したものが，後に「清宮の定理」と呼ばれるものとなる．この結果は，同じ『日本中等教育数学会雑誌』(1926年(大正15年)10月)に「問題」として発表された．

• シムソンの定理 •　三角形ABCの外接円上の任意の点をPとし，PよりBC, CA, ABにおろした垂線の足をそれぞれX, Y, Zとすれば，X, Y, Zは同一直線上にある(次ページ図1)．

• ターナーの定理 •　三角形ABCの外接円Oに関して互いに反点をなす2点をP, Qとし，3辺BC, CA, ABに関する点Pの

3）現在の，筑波大学の前身にあたる．

4）現在の，日本数学教育学会の前身にあたる．

5）英文誌はいくつかあったが，和文誌は『日本数学物理学会誌』が刊行されはじめる1927年まで待つことになる．

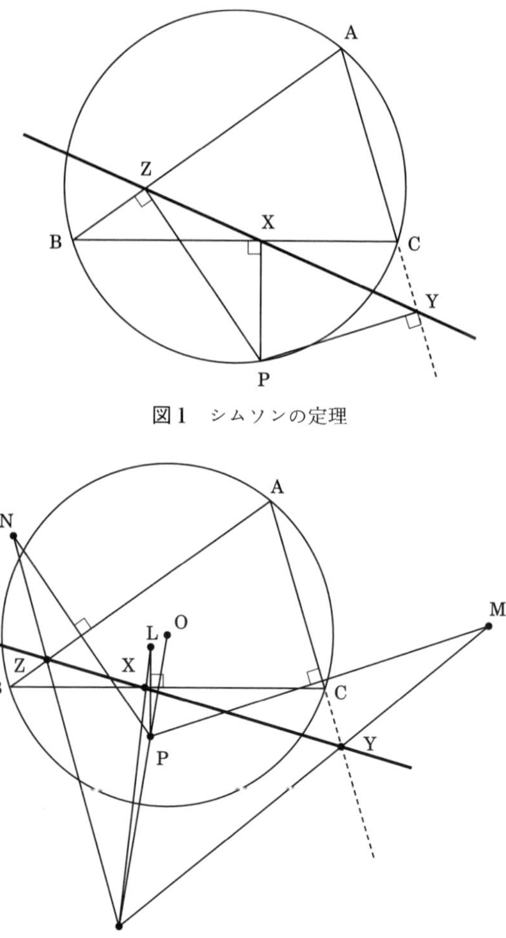

図1　シムソンの定理

図2　ターナーの定理

対称点をそれぞれL, M, Nとする．3直線QL, QM, QNがそれぞれBC, CA, ABに交わる点をそれぞれX, Y, Zとすれば，X, Y, Zは同一直線上にある(図2)．

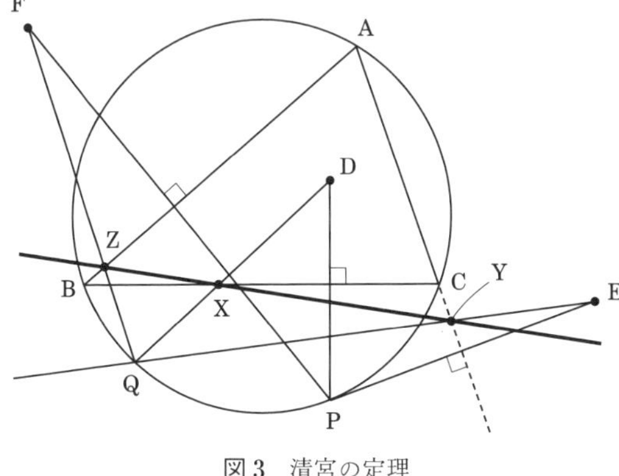

図 3　清宮の定理

• 清宮の定理 •　三角形 ABC の外接円上の任意の 2 点を P, Q とし，P の BC, CA, AB に関する対称点をそれぞれ D, E, F とし，QD, QE, QF が BC, CA, AB と交わる点をそれぞれ X, Y, Z とすれば，X, Y, Z は同一直線上にある(図 3).

浪人時代

初等幾何の大家である秋山武太郎氏のもとを訪れ，自身の研究の話をするほど幾何の研究に熱中する清宮氏であったが，あまりに熱中してしまい，高校受験を失敗してしまった.

「秋山先生に「武蔵高校[6] に来ないか」と薦められたのですが,

6)　現在の武蔵中学校・高等学校および，武蔵大学．旧制高校は 3 年制が一般的だが，武蔵高校は 7 年制の旧制中高一貫校であった.

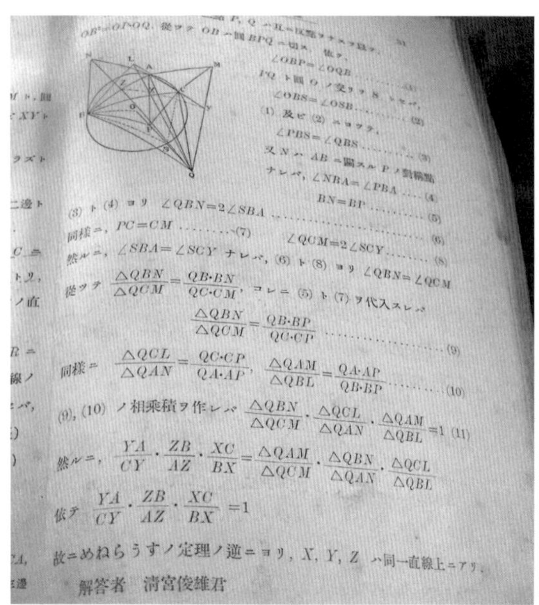

$OB^2=OP\cdot OQ$. 従ッテ OB ハ圓 BPQ ニ切ス. 依テ,

$\angle OBP=\angle OQB$ ……(1)

PQ ト圓 O ノ交ッテ S トセバ,

$\angle OBS=\angle OSB$ ……(2)

(1) 及ビ (2) ニヨッテ,

$\angle PBS=\angle QBS$ ……(3)

又 N ハ AB ニ關スル P ノ對稱點ナレバ, $\angle NBA=\angle PBA$ ……(4)

$BN=BP$ ……(5)

(3) ト (4) ヨリ $\angle QBN=2\angle SBA$ ……(6)

同様ニ, $PC=CM$ ……(7) $\angle QCM=2\angle SCY$ ……(8)

然ルニ, $\angle SBA=\angle SCY$ ナレバ, (6) ト (8) ヨリ $\angle QBN=\angle QCM$

従ッテ $\dfrac{\triangle QBN}{\triangle QCM}=\dfrac{QB\cdot BN}{QC\cdot CM}$, コレニ (5) ト (7) ヲ代入スレバ

$$\frac{\triangle QBN}{\triangle QCM}=\frac{QB\cdot BP}{QC\cdot CP} \quad \cdots\cdots(9)$$

同様ニ $\dfrac{\triangle QCL}{\triangle QAN}=\dfrac{QC\cdot CP}{QA\cdot AP}$, $\dfrac{\triangle QAM}{\triangle QBL}=\dfrac{QA\cdot AP}{QB\cdot BP}$ ……(10)

(9), (10) ノ相乗積ヲ作レバ $\dfrac{\triangle QBN}{\triangle QCM}\cdot\dfrac{\triangle QCL}{\triangle QAN}\cdot\dfrac{\triangle QAM}{\triangle QBL}=1$ (11)

然ルニ, $\dfrac{YA}{CY}\cdot\dfrac{ZB}{AZ}\cdot\dfrac{XC}{BX}=\dfrac{\triangle QAM}{\triangle QCM}\cdot\dfrac{\triangle QBN}{\triangle QAN}\cdot\dfrac{\triangle QCL}{\triangle QBL}$

依テ $\dfrac{YA}{CY}\cdot\dfrac{ZB}{AZ}\cdot\dfrac{XC}{BX}=1$

故ニめねらうすノ定理ノ逆ニヨリ, X, Y, Z ハ同一直線上ニアリ.

解答者　清宮俊雄君

雑誌『日本中等教育数学会雑誌』に掲載された「ターナーの定理」の証明

結局，一高[7]へ行くことに決めました．武蔵高校は私立の学校で多額の費用がかかるので，そう簡単には行けません．実は僕は本籍が茨城県で，県から奨学金をもらう場合，一高に入れば文句なしに出たのです．県から出る奨学金と家庭教師の仕事をしながら，大学までいったわけです」

浪人時代も受験勉強の傍らで，「シムソンの定理」など幾何の問題を考えていた．

「シムソンの定理は３点が一直線上になるものなのですが，そのほかに６つほど珍しい点を見つけました．シムソンの３点

---

7)　旧制第一高等学校．現在の東京大学教養学部にあたる．

も含めて9つの点が一直線上に並ぶのです.「清宮の定理」も含まれるその直線を「九点線」と名付けたのですが，その直線がターナーが考えた直線も含めた，シムソンの定理の拡張になっているのです．もとは別々に作られたものなのですが，ある直線に関する一つの定理の特別な場合になっていることに気付き[8]，論文を書きました」

完成した論文「九点線とターナー線」は『東京物理学校雑誌[9]』(1929年(昭和4年)9月)にて発表された.

「浪人時代に考えたことを一高に入ったあとにまとめ，秋山先生のところへ持っていきました．すると先生は，一高の黒河龍三先生に声をかけ，雑誌に投稿するようお願いされたのだそうです」

こうして，シムソンの定理，ターナーの定理，清宮の定理をめぐる一連の研究は集大成を迎えた．幾何に出会ってから5年，18歳のことであった.

東京帝国大学時代

一高を卒業した清宮氏は，東京帝国大学に進学する．昭和初期のこの時代，どのような方々に教わったのであろうか.

「坂井英太郎先生に微積を，高木貞治先生に代数を，辻正次先

8) ある直線が三角形の外接円に接している場合が「シムソンの定理」，外接円に2点で交わる場合が「清宮の定理」，直線と円が出会わない場合が「ターナーの定理」となる.

9) 東京物理学校は現在の東京理科大学にあたる.

生に微積と解析の演習を，中川銓吉先生に幾何(現在の射影幾何学)を教わりました」

当時の大学は，代数学の転換期だったと語る．

「末綱恕一先生がドイツへ留学して，エミー・ネーターという有名な女性の数学者から,「抽象代数」を教わって帰ってきたのです．僕が1年生の頃は帰国直後で講義がなかったのですが，2年生になった頃，1年生に向けて講義を始めました」

また清宮氏は，高木貞治氏の実際の講義を受けたことがある．授業の印象はどうだったのだろうか．

「高木先生は，左手にメモ用紙を1枚持って，右手に白墨持って，そして黒板に向かってぼそぼそ話しかけながら薄い字を書きます．だから高木先生の講義は，前の方に座っていないと聴きづらいとみんな言っていました．だけど僕が習ったときは，ちょうど『代数学講義』(共立社書店[現・共立出版]，1930年)が出版された後だったから，みんな安心していました．黒板が見づらくても内容は本に書いてあったからです．講義自体は理路整然としていたのですが，とにかく低い声で聴きづらかったのです」

高木氏が微積を教えるようになったのも，この時期なのだそうだ．

「それまでは代数を教えていたのですが，坂井英太郎先生が退職されて，当時一番年長者だった高木先生が後を継ぎ，微積の講義を持つようになりました．僕は微積は習っていないのですが，その講義が元となってできた本が『解析概論』(岩波書店，1938年)なのです」

同じ時期に大学にいた彌永昌吉氏も印象に残っていると語る．

「彌永先生は初等幾何が好きだったようです．大学３年生のときに，学生主催の研究会があり，僕はそこで自分で考えた初等幾何の話をしました．そのときに彌永先生が僕の話を聴きに来ていました．それからずいぶん先のことですが，僕が東京学芸大学にいた頃，学芸大学で行った研究会で，やはり自分で考えた初等幾何の話を発表しましたが，そのときも彌永先生が聴きに来ていました．発表が終わったあとで，彌永先生に「清宮君，それは君が考えたことですか？」と訊かれました」

当時の研究会は，海外で発表された論文を伝えるというスタイルが大半であったという．

「僕の場合は，自分が考えた新しい結果しか発表しなかったから，そんなふうに訊かれたのでしょう．そういえば，彌永先生は100歳で亡くなったんでしょ．僕も100歳だから，いつお迎えが来るかわからないよ（笑）」

今，若い人たちに伝えたいこと

最後に，今の若い人たちに向けてメッセージを伺った．

「パスカルが「パスカルの定理」を発見したのは16歳のとき，僕がシムソンの定理の拡張を発見したのも16歳のときでした．若い頃には誰にでも独創的なひらめきがあります」

そのような時期に「集中して考える」時間を持って欲しいという．

「集中して考えることを経験すれば，それがあとでも役に立つと思います．だから，いろいろな問題を解くときも，あきらめないで欲しいです」

ターナーが考えた「問題」は，出題されてから解けるまでに半年かかったことを強調する．

「何回も何回もアタックして，最後に解けたのです．アタックしていくうちに，その問題の本質が段々と分かってきます．そして，問題を完全に理解したときに解けるのです．だから，問題と仲良くなって欲しいのです」

100 歳とは思えないほど，お元気そうにインタビューに応じていただいた．

［2010 年 7 月 14 日談・撮影］

［論文抜粋］
創作問題について

「創作問題について」と云ふ大袈裟な題で書くのだから，さぞ内容は立派なものだらうと思はれるかも知れないが，その實内容はごく貧弱で，非常に赤面する次第である．内容も別に目新しい事を云ふのではなくて，たゞ自分の取つた創作の經路をのべるだけのことで，ごく平凡なものであるから，そのつもりで御覽になつていただきたい．そしてこれが多少でも諸君の參考になれば，僕の滿足する所である．

問題を作るには種々の方法があるがその中普通使つてゐる方法は，次の四通りである．

1. 問題の轉化 { 一般化する（擴張する）
 特殊化する }
2. 逆を作る．
3. 或る定理，又はある圖形の持つ諸性質よりヒントを得て作る．
4. 任意の圖形を描き，それらの性質を考究する．

以下上記の分類表によつて，のべることにする．

又創作の基本になつた問題の頭には，K. M. とつけ，創作題の頭には，S. M.，ヒントを得た問題には，H. M. とつけるから御承知をねがひたい．

1. 問題の轉化

◉──一般化する（擴張する）

• K. M. •　三角形 ABC に於て AC = 3・AB なるとき，角 A の二等分線 AD に C より下した垂線の足を E とすれば，AD は DE に等し．

これを一般化しやうと思つて，AC = 3・AB を AC = n・AB として，比 AD : DE を作つてみると，AD : DE は次の證明によつて，2 : $n-1$ に等しいことを知つた．

• 略解 •　CE と AB の延長の交點を F とすれば，△AFE ≡ △ACE 故に AF = AC，EF = EC なり．

故に，BF = AF − AB = AC − AB = AB($n-1$)．

△AEF を BDC が截るを以て，MENELAUS の定理により，

$$\frac{\mathrm{FC}\cdot\mathrm{ED}\cdot\mathrm{AB}}{\mathrm{EC}\cdot\mathrm{AD}\cdot\mathrm{FB}}=\frac{2}{1}\cdot\frac{\mathrm{ED}}{\mathrm{AD}}\cdot\frac{\mathrm{AB}}{\mathrm{AB}(n-1)}$$

$$=\frac{\mathrm{DE}}{\mathrm{AD}}\cdot\frac{2}{n-1}=1$$

故に，AD : DE = 2 : $n-1$．

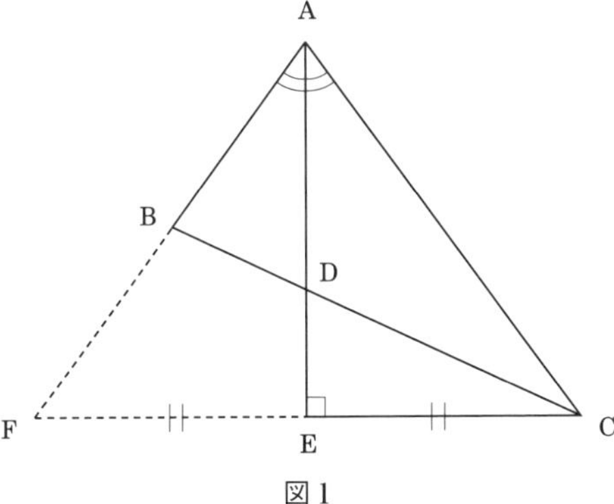

図 1

• **S. M.** •　△ABC に於て AC ＝ nAB なるとき，角 A の二等分線 AD に C より下した垂線の足を E とすれば，AD：DE ＝ 2：n−1 なり．但し n は 1 より大なりとす．

• **S. M.** •　前題に於て n ＜ 1 ならば AD：DE ＝ 2：1−n なり．又，前圖に於て，AD：AE ＝ 2：n＋1，AE：DE ＝ n＋1：n−1 なり．

尚この圖について研究するために，FD と AC の交りを M とすれば，AM ＝ AB となる．（證明略す）

そこでこれの逆を作つて見ると，△ABC の ∠A の二等分線を AD とし，AC 上に AB に等しく AM をとり，MD と AB の交りを F とすれば，AD⊥FC なりとなる．［但しこの場合は n ＞ 1 のときを取つたのであるが，n ＜ 1 のときは，M, F は一致する．即ち MC⊥AD を云へばよい］

諸君前書の公式の n に 3 を代入して見給へ．

• K. M. •　△ABC に於て，AC ＝ 2AB とす，∠A の二等分線と BC の交りを D．D より AB, AC に平行に引ける直線と AC, AB の交りを F, E とす．FE と CB の延長の交りを G とすれば，EF ＝ EG にして，△BGE：△ABC ＝ 1：9 なり．

前例の様に AC ＝ 2AB を AC ＝ nAB ($n>1$) として，考究すると

$$\mathrm{EF}:\mathrm{FG}=n-1:1,$$

$$\triangle\mathrm{BGE}:\triangle\mathrm{ABC}=\frac{1}{(n+1)^2(n-1)}$$

となることを知つた．次にその略解を示す．

• 略解 •

$$\mathrm{EG}:\mathrm{GF}=\mathrm{DE}:\mathrm{FC}=\mathrm{BD}:\mathrm{DC}=1:n$$

$$\therefore\quad \mathrm{GF}-\mathrm{EG}:\mathrm{EG}=n-1:1$$

即ち EF：EG ＝ $n-1$：1 なり，又

$$\mathrm{BG}:\mathrm{BD}=\mathrm{EG}:\mathrm{EF}=1:n-1,$$

$$\mathrm{BD}:\mathrm{BC}=1:n+1$$

なれば

$$\mathrm{BG}=\frac{\mathrm{BC}}{(n+1)(n-1)},$$

又 BE：AB ＝ 1：$n+1$ なれば

$$\mathrm{BE}=\frac{\mathrm{AB}}{n+1}.$$

△BGE と ABC は一角 B が補角をなしてゐるから，その面積の比，即ち

$$\triangle \mathrm{BGE} : \triangle \mathrm{ABC} = \mathrm{BE} \cdot \mathrm{BG} : \mathrm{AB} \cdot \mathrm{BC}$$

$$= \frac{\mathrm{AB} \cdot \mathrm{BC}}{(n+1)^2(n-1)} : \mathrm{AB} \cdot \mathrm{BC}$$

$$= \frac{1}{(n+1)^2(n-1)}$$

なり．

諸君この公式の，n に 2 を代入して見給へ．

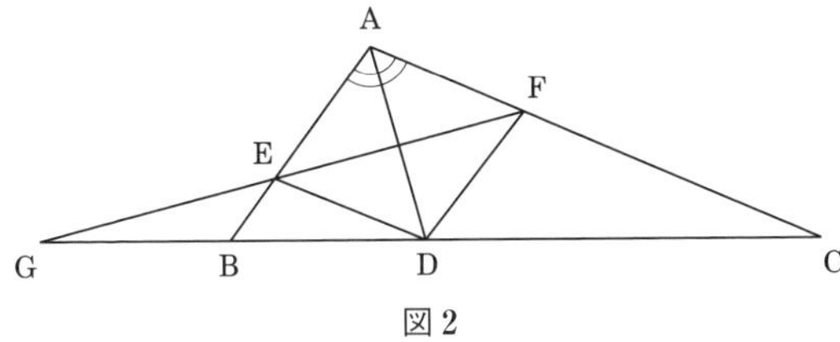

図 2

• K. M. •　相切する二圓あり，その切點を P とし，P を通る三直線 APA′, BPB′, CPC′, を引き二圓とそれぞれ A, B, C；A′, B′, C′, にて交らしむれば，△ABC ∽ △A′B′C′ なり．

この問題の證明は切するといふ條件を使はなくとも出來るから，假設の相切するとある所を，相交ると變化しても差支へない．次にこの圖に付いて，尙その性質を考へるために，BA と B′A′, CA と C′A′, CB と C′B′ の三交點 L, M, N を作つて見ると，L, M, N は一直線上になつてゐるらしいので，L, M, N は一直線なりとして，その證明に取りかゝつた．そして次の樣な解を得たのである．

•略證•　L, M；M, N をむすび，$\angle NMC' + \angle LMC' = 2\angle R$ を云はん．$\triangle ABC \backsim \triangle A'B'C'$ なれば $\angle NCM = \angle MC'N$ 故に C, C′, M, N は一圓周上にあり．同様に A, A′, L, M は一圓周上にあり．

故に

$$\angle LMA' = \angle LAA' = \angle NCC'.$$

又 $\angle NMC' + \angle NCC' = 2\angle R$ なれば $\angle NMC' + \angle LMA' = 2\angle R$. 即ち L, M, N は一直線上にあり．

•注意•　$\angle MCN = \angle MC'N$ なることは

$$\angle B'C'A' = \angle B'PA' = \angle APB = \angle ACB$$

なることより云ふことを得.

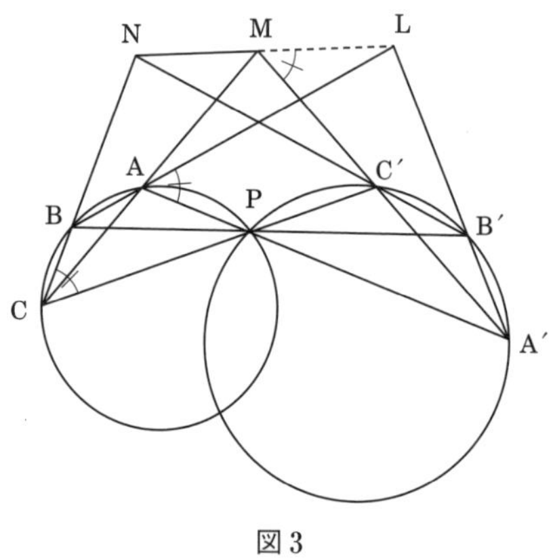

図 3

そこで次の創作題を得たのである.

• S. M. • 相交る二圓の一交點 P を通る三直線 APA′, BPB′, CPC′ をひき，二圓と夫々 A, B, C；A′, B′, C′ にて交らしむれば，△ABC ∽ △A′B′C′ なり．又 BA と B′A′，CA と C′A′，CB と C′B′ の三交點を L, M, N とすれば L, M, N は一直線上にあり．

上例の如き場合のみに限らず，或特殊の問題があるとき，その問題の證明にその特殊の性質を使はない時に限り，直角を定角に，垂直の方向を定方向に，の如く一般化することができる．

*　　*　　*

• 編集部註 • 以降，最初に挙げた四通りの創作方法を，上記のように実例を挙げながら解説していくが，紙数の関係で割愛する．清宮氏は論文の末尾で問題の創作について以下のようにまとめている．

*　　*　　*

問題を作るには，種々の圖形に付いて，種々の線を引いて，それらの關係を考へることが非常に大切なことである．そして，「…になりそうだ」と目星を付けることも，之におとらない程大切なことである．又問題の性質を考へるには「…なるためには…であればよい」と解析的に考へることも大切である．次に，問題の形であるが，これはなるたけ形を整へることに注意しなければならない．他にも種々の場合に付て，種々の方法があるだらうが大體上記の四つのことが，大切だと思はれる．終り

著者プロフィール●

清宮俊雄(せいみや・としお)

1910 年(明治 43 年)3 月 30 日　東京生まれ(本籍：茨城県)
1922 年(大正 11 年)　東京府立第六中学校[現・東京都立新宿高等学校]入学
1927 年(昭和 2 年)　東京府立第六中学校卒業
1928 年(昭和 3 年)　第一高等学校[現・東京大学教養学部]理科甲類入学
1931 年(昭和 6 年)　第一高等学校卒業
1931 年(昭和 6 年)　東京帝国大学[現・東京大学]理学部数学科入学
1934 年(昭和 9 年)　東京帝国大学卒業
1934 年(昭和 9 年)　陸軍士官学校数学教諭
1945 年(昭和 20 年)　陸軍士官学校退官
1949 年(昭和 24 年)　東京学芸大学教授
1973 年(昭和 48 年)　東京学芸大学退職，東京学芸大学名誉教授
2013 年(平成 25 年)4 月 29 日　歿
専門は，初等幾何学.
著書に，
『幾何学 ── 発見的研究法(改訂版)』(科学新興新社)
『初等幾何学』(裳華房)
『エレガントな問題をつくる ── 初等幾何発見的方法』(日本評論社)
などがある.

初等幾何のたのしみ［増補版］

●――――2001年8月25日　第1版第1刷発行
2023年6月30日　増補版第1刷発行

著　者――清宮俊雄
発行所――株式会社 日本評論社
〒170-8474 東京都豊島区南大塚3-12-4
電話　03-3987-8621［販売］
03-3987-8599［編集］
印刷所――株式会社 精興社
製本所――株式会社 難波製本
装　幀――妹尾浩也

ISBN 978-4-535-78993-7